中国水安全出版工程

丛书主编◎夏 军　　副主编◎左其亭

水安全保障的
市场机制与管理模式

左其亭　王亚迪　纪璎芯　王 鑫　史树洁◎著

长江出版传媒
湖北科学技术出版社

内 容 简 介

水安全是国家安全的重要组成部分,关乎着国民经济发展和粮食安全、生态安全,因此,研究水安全保障问题具有重要的现实意义。本书深入研究了保障水安全的市场机制与管理模式,系统介绍了利用工程措施、非工程措施及非传统水资源保障水安全的市场机制与管理模式。主要内容包括:①水安全保障的工程措施、水利工程建设 PPP 模式的实践经验及建议;②水市场制度、农业水价改革及水资源管理制度三个方面的实践经验及建议;③非传统水资源利用的管理模式,雨水资源化利用、空中云水资源利用、海水利用、污水利用的实践及建议;④和谐论在水安全保障中的应用,包括和谐评估方法、和谐调控理论在研究水安全保障中的应用实例。本书成果将为进一步完善和落实我国水安全保障工作提供技术支撑。

本书可供水资源、水环境、公共安全、社会学等专业的科技工作者、管理者以及研究生参考。

图书在版编目(CIP)数据

水安全保障的市场机制与管理模式/左其亭等著. —武汉:湖北科学技术出版社,2019.3
(中国水安全出版工程)
ISBN 978-7-5706-0422-7

Ⅰ.①水… Ⅱ.①左… Ⅲ.①水资源管理-安全管理-研究-中国 Ⅳ.①TV213.4

中国版本图书馆 CIP 数据核字(2018)第 174318 号

水安全保障的市场机制与管理模式
SHUI ANQUAN BAOZHANG DE SHICHANG JIZHI YU GUANLI MOSHI

策划编辑:杨瑰玉 严 冰
责任编辑:严 冰 刘 芳
封面设计:胡 博
出版发行:湖北科学技术出版社
排版设计:武汉三月禾文化传播有限公司
印　　刷:武汉市金港彩印有限公司
开　　本:710mm×1000mm 1/16
印　　张:13.25
字　　数:250 千字
版　　次:2019 年 3 月第 1 版第 1 次印刷
定　　价:260.00 元

中国水安全出版工程
编撰编委会

主　编：夏　军

副主编：左其亭

编　委：（按照姓氏笔画排序）

丁相毅　王义民　王中根　王红瑞　王宗志

王富强　牛存稳　左其亭　占车生　卢宏玮

付　强　吕爱锋　朱永华　刘志雨　刘家宏

刘　攀　汤秋鸿　严家宝　李怀恩　李宗礼

肖　宜　佘敦先　邹　磊　宋进喜　宋松柏

张利平　张金萍　张修宇　张保祥　张　翔

张　强　陈晓宏　陈敏建　陈　曦　金菊良

周建中　胡德胜　姜文来　贾绍凤　夏　军

倪福全　陶　洁　黄国如　程晓陶　窦　明

丛 书 序

水是人类生存和发展不可或缺的一种宝贵资源,关乎人类社会发展的各个方面,从农业到工业,从能源生产到人类健康,水的作用毋庸置疑。水安全状况对财富和福利的产生和分配有着重要影响。同时,人类对水的诸多使用也对自然生态系统造成了压力。水资源是国家的基础性自然资源,也是战略性经济资源,维持着生态环境的良性循环,同时又是一个国家综合国力的组成部分。然而,地球上的淡水资源是有限的,20 世纪 70 年代以来,随着人口增长和经济社会快速发展,人类对水资源的需求急剧增加,越来越多的地区陷入了水资源紧张的局势。

受全球气候变化影响,极端生态事件频发,全球水资源供需矛盾面临的风险愈来愈严峻。与水污染、水灾害、水短缺、水生态联系的流域、跨界、区域和国家水安全及其水安全保障问题,已经成为制约区域可持续发展的重大战略问题,水安全也事关粮食安全、经济安全、生态环境安全和国家安全。水安全问题成为影响经济社会可持续发展和人民安居乐业的瓶颈制约,也因此越来越受到国际国内组织和专家学者的高度重视。2015 年 1 月在瑞士召开的全球第 45 届达沃斯世界经济论坛发布的《2015 年全球风险报告》中,将水危机定为全球第一大风险因素。

目前,我国水资源供需矛盾突出,发展态势十分严峻,面临着洪涝灾害频发,水资源短缺制约经济社会发展,水土流失严重带来生态环境恶化,水污染未能得到有效控制等多重问题。因此,亟须系统阐述我国水安全问题及其成因,并对中国未来尤其近 30～50 年水安全保障问题进行系统分析与判断,提出科学对策与建议;切实加强水资源保护,提高水资源利用效率,加大水污染治理和非常规水资源开发利用,建设水安全保障的科技支撑体系,关系到我国经济社会可持续发展和生态文明建设的大局。

在相关部门和机构的支持下,武汉大学于 2012 年组建了国内第一家水安全研究院。多年来我们以水资源、水生态环境系统与社会经济发展和资源开发利用为纽带,在水资源、水生态环境学科发展前沿和重大水利水电和生态环境保护治理工程建设应用研究领域,提出水资源开发与流域综合调度管理战略、流域水生态环境保护战略和水旱灾害防治战略,取得了一批具有创新性、实用性和自主知识产权的标志性成果,为加速我国水污染与水旱灾害的综合治理和重大水利水电与节能减排工程建设,满足经济建设与社会发展对水资源、水环境与水生态的需求,保障水安全、能源安全和生态环境安全,实现社会经济可持续发展,提供理论与技术支持。

为了展示和交流我国学者在水安全方面的研究成果,在有关部门资助和支持下,由武汉大学水安全研究院牵头组织"中国水安全出版工程"丛书的编写工作,其中包括邀请国内知名院士和专家指导,邀请工作在一线的中青年专家担任"中国水安全出版工程"丛书中相关专著的主编或副主编,组织相关专家参与该工作。在大家的共同努力下,本丛书即将陆续面世。我相信,这套丛书的出版对于推动水安全问题的研究及我国的水安全保障与决策支持,有着重要的价值与意义。

是为序。

2018 年 10 月

前　　言

　　水是一切生命体赖以生存和人类社会发展不可替代的重要基础资源。人类进步和社会经济发展必须有水资源的持续支撑，良好的生态环境也必须要有水来维持。近年来，随着经济发展、人口增长、城市化和人类活动加剧，水资源在国民经济和人们生活中的地位显得越来越重要。水资源供需矛盾从局部范围逐渐发展成为一个广泛性问题，甚至成为全球性问题。这对有限的水资源产生巨大的冲击。在全球范围内，水污染、用水需求快速增长以及用水部门之间竞争性开发所导致的不合理利用，使水资源进一步短缺，水环境更加恶化，水安全问题更加突出，这将严重地影响经济社会的发展，威胁人类文明的进步。虽然我国的水资源总量丰富，但时空分布不均，再加上经济社会快速发展带来的需水增长和生态破坏，导致我国水安全问题十分突出，包括水资源安全、水环境安全、水生态安全、水工程安全、供水保障安全、洪涝防御安全。水安全保障问题一直是制约我国经济社会发展的关键性因素。

　　水安全保障在传统的计划经济体制下实行的水资源管理模式，由于完全按照政府的投资计划和财政预算调拨使用而缺乏灵活的管理手段。传统的水资源管理模式已经越来越不适应国民经济和社会发展的客观需要。为了破解日益复杂的水安全问题，缓和水资源供需矛盾，必须充分运用经济、法律、制度等手段，寻找合适的管理模式，加强对水资源的管理。

　　水安全保障需要大量的工程建设，比如调水工程、蓄水工程、农田水利工程等。在完善的市场机制下，水资源的利用调配和水利基础设施工程建设的投资不再完全依赖于政府的计划和拨款，而是可以通过对市场闲散资金的有偿使用来运作和筹集，这样可以有效地避免政府干预可能导致的资源垄断和资本价格的扭曲。

除各种工程措施外，水安全保障还需要进行非工程措施的制度创新，通过引入市场机制，利用经济手段，提高水资源的利用效率。市场机制是解决水资源优化配置和高效利用问题的有效方法，通过水安全保障的市场机制可以重新配置水资源，提高水资源的配置效率和利用效率，促进节约用水，保障用水安全。

因此，既要抓工程措施，又要抓非工程措施，要"两手抓，两手硬"；既要创新工程措施的市场机制和管理模式，又要创新非工程措施的市场机制和管理模式。通过工程措施与非工程措施的结合，传统水资源与非传统水资源利用的联合调配，市场机制和管理模式的创新，不断推进水资源的科学开发、合理调配、节约使用、高效利用，全面提升水安全保障能力。目前，国家出台了一系列政策文件，吸引社会资本参与水安全保障的试点项目，探索政府与社会资本合作的水利工程建设 PPP 模式；改革水市场制度，探索水权交易，利用市场的力量来推动和提高用水效率，从而实现水资源的优化配置，保障我国可持续发展的水安全基础。

本书是作者参与中国工程院重大咨询项目（2016-ZD-08-06）所做研究工作的总结，包含以下六章内容。第一章绪论，系统介绍了水安全保障的研究背景及意义、国内外研究进展以及本书内容安排。第二章水安全保障的现状分析，阐述了国家水安全保障体系，分析了我国水安全的基本状况和保障现状。第三章水安全保障工程措施的市场机制与管理模式，介绍了水安全保障的工程措施和现行水利工程建设状况，在总结我国水利工程建设 PPP 模式实践的基础上，提出关于水利工程建设 PPP 模式的几点建议。第四章水安全保障非工程措施的市场机制与管理模式，介绍了水安全保障的非工程措施，在总结我国水市场制度实践的基础上，提出关于进一步完善我国水市场制度的建议；在总结我国农业水价政策实践的基础上，提出关于我国农业水价政策制定的建议；在总结我国水资源管理制度实践的基础上，提出关于我国最严格水资源管理制度实施的建议。第五章水安全保障非传统水资源利用，介绍了城市雨水资源化利用、空中云水资源利用、海水利用的市场机制与管理模式。第六章和谐论在水安全保障中的应用，阐述了和谐论在水安全保障中应用的必要性和可行性，介绍了和谐评估方法、和谐调控方法在水安全保障中的应用。

本书由左其亭、王亚迪、纪璎芯等撰写。其中，第一章、第三章部分内容（第

二、三、四节）、第四章第一节由王亚迪撰写初稿,第二章、第四章第四至七节由纪璎芯撰写初稿,第四章第二、三节和第五章由王鑫撰写初稿,第六章由史树洁撰写初稿,第三章第三节由臧超撰写初稿,各章由左其亭全面修改和定稿。全书由左其亭统稿,纪璎芯、臧超协助统稿和文字修改。

本书在研究过程中得到了课题组贾仰文教授、柳长顺教授、牛存稳教授以及其他成员的指导和帮助,特别是在项目启动、研究过程和成果产出中得到许多著名专家的指导和建议,特此向支持和关心作者研究工作的所有单位和个人一并表示衷心的感谢。感谢出版社同仁为本书出版付出的辛勤劳动。

由于水安全保障问题十分复杂,书中肯定会存在一些不足之处,欢迎广大读者批评指正。

作者

2018 年 5 月 20 日

目　　录

第一章 绪 论

第一节 水安全保障的研究背景及意义

一、研究背景

我国降水时空分布不均,是一个水旱灾害频繁发生的国家,水资源短缺已成为经济社会可持续发展的制约性因素。"兴水利,除水害"是中华民族治国安邦的大事,其本质上是保障国家的水安全。目前我国的水安全还存在很多隐患,洪涝灾害频繁、水资源短缺问题突出、水土流失严重、水污染未能得到有效控制等问题一直威胁着我国的经济社会发展和人民生活质量,保障水安全关系到中华民族的繁荣兴旺。[①] 水安全保障是政府部门最重要的任务之一,保障水安全必须在充分掌握水资源客观规律的前提下,采取各种工程措施和非工程措施,并辅以经济手段、行政手段、法律手段对自然界水循环过程中形成的水资源进行调节控制、开发利用与保护管理,满足人类生活和生产活动必需的水资源,并尽可能地避免或减轻水灾害,降低水危机发生的风险。

由于水资源具有多种用途,人们在除水害的同时,往往会为了不同的目的去兴建各种水利工程,对水资源进行充分利用。一方面,水资源作为重要的自然资源而被广泛应用于灌溉、发电、供水、航运、养殖及净化水环境等不同方面,为经济社会的协调发展带来了各种效益。但另一方面,由于水资源在时间变化

---

① 郑通汉.论水资源安全与水资源安全预警[J].中国水利,2003(11):19-22+5.

上的不均衡性,当水量集中过快或过多时会出现不利于水资源开发利用的情况,甚至会形成洪涝灾害,导致严重灾难。而在枯水季节可能会出现水量锐减的现象,不能满足各方面的用水需求,出现干旱灾害甚至会对经济社会的发展造成严重的负面影响。

水资源的利害两重性不仅与水资源数量及其时空分布特征有关,还与水资源的质量有关。受到严重污染的水体可能会导致水资源利用各方面的损失,还可能会严重危害人体健康,以及对生态环境造成不良影响。因此,"兴水利,除水害"是我国水利事业的重要任务,其构成了我国水安全保障工作内容的基础。

我国的水安全保障管理体制仍存在一些问题。在计划经济时期,我国传统的水资源管理为各部门分开管理,主要是管理供水工程建设。传统的管理模式产生了许多弊端,以供为主的水利管理模式使经济社会发展过分依赖水资源的投入,限制了水资源利用效率,加剧了水资源浪费和污染现象。不同部门之间分管水资源的形态往往缺乏协调性而产生部门间、地区间相互摩擦的情况。以政府投入为主的水利工程建设模式,会造成水资源分配的方式不合理,而一直以来的低廉用水成本也会致使用水部门和个人严重扭曲对水资源价值的认识和理解,使国家对水利工程建设、管理、运营的投资与补贴不堪重负,这对水资源的有效配置、水资源产权制度的建立和水市场的培育产生很大的障碍。

虽然我国在水安全保障方面的立法取得了一定的成果,但这些水安全管理和水资源保护的相关法律法规与其他资源方面的法律缺乏有机的联系,水安全保障法律法规不健全,现有的水安全保障、水利工程建设等方面的法律法规及规章制度对水资源管理工作规定得不具体、不明确,可操作性仍较差,不能体现出人水和谐的思想,不能从根本上对水安全起到系统有效的保障作用,必须对水安全保障整体的系统管理进行立法。许多人的水安全意识还比较淡薄,并没有认识到水安全的重要性、艰巨性和复杂性,人口快速增长和城市化发展造成用水量急剧增加,与此同时并没有做到节约和保护水资源,从而导致了一系列水安全问题。很多工矿企业为了降低生产成本,污水、废水不经处理便随意排入江河湖泊,导致水资源的严重浪费、污染和水环境的破坏,长期开发利用不当导致水体污染与生态环境恶化,进而导致水资源危机与水安全问题。[①]

---

① 陈鸿起.水安全及防汛减灾安全保障体系研究[D].西安:西安理工大学,2007.

水利工程建设是国家水安全保障体系的重要组成部分和支撑基础。一般情况下,水利工程建设项目属于基础设施或公共服务领域,政府在行政职能转变、构建现代财政制度、控制地方债务总量、高效利用社会资金等背景下,对公共产品或服务的提供方式进行机制创新,适宜由市场提供的产品或服务转由社会资本代替政府履行相关义务,利用市场机制提供部分公共产品或服务的供给。当前的水利工程建设项目资金的投入形式相对单一,对地方政府造成了严重的财政负担,投资资金紧缺已经成为水利工程建设工作开展的制约性因素。为贯彻落实党的十八届三中、四中全会精神和《国务院关于创新重点领域投融资机制鼓励社会投资的指导意见》(国发〔2014〕60号)有关要求,进一步拓宽水利投融资渠道,加快重大水利工程建设,提高水利管理效率和服务水平,完善国家水安全保障体系。2015年3月国家发展改革委、财政部、水利部联合出台了《关于鼓励和引导社会资本参与重大水利工程建设运营的实施意见》,文件指出:通过政府投资引导、财政补贴、价格机制、金融支持等政策措施,鼓励和引导社会资本投入参与重大水利工程建设运营,并将推出一批吸引社会资本参与的试点项目,探索政府与社会资本合作的PPP(public-private-partnership)模式,有效解决"融资平台债务高、公共供给效率低、私营资本进入难"等问题,稳步推进一批防洪抗旱工程、重大引调水工程、河湖水系连通骨干工程和重点水源工程等建设,利用工程措施保障国家的水安全体系。

国家水安全保障体系建设需要从我国水资源短缺与时空分布不均的特点出发,利用市场经济体制引导社会资本投资来不断完善水利工程建设,同时必须以最严格的水资源管理制度为基础,抓紧完善水生态文明建设和节水型社会建设,逐步建立用水总量控制和定额管理相结合的管理制度,创新政府行政管理模式,建立市场机制下的水价管理制度和水权交易制度,利用行政配置与市场调节相结合的水市场体系来保障国家水安全。通过社会管理制度的创新来解决水安全保障问题,形成工程措施和非工程措施相结合的水安全保障机制,从而提高水资源利用效率,改善自然生态环境,增强区域经济社会的可持续发展能力,提升水安全保障能力,推动整个社会走上生产发展、生活富裕、生态良好的和谐发展之路。

水资源是一种特殊的自然资源,对区域经济社会发展具有不可替代的作用。近年来,水资源管理领域的市场机制已成为国内外的研究热点。长期以来，我国的水安全保障采取传统的计划手段，主要依靠行政管理和技术管理，而忽视了经济管理和法制管理在水安全保障中的重要作用。由于水资源的无偿供给或低价使用，导致用水户对水资源缺乏商品意识，这样又进一步加剧了我国水资源的浪费和短缺，造成水资源利用效率低下。在水资源日益短缺的条件下，传统的水资源计划配置手段已经不能适应市场经济的要求。经验表明，水市场体系的建立能够使水资源得到合理配置，通过水安全保障的市场机制可以重新配置水资源，提高水资源的配置利用效率，促进节约用水。建立水市场体系，利用市场机制合理地配置水资源已成为发展社会主义市场经济的必然选择。然而我国现行的水权制度造成水资源产权不明晰，水资源管理体制不合理，水价形成机制不合理，法律法规体系不健全，这些不利因素阻碍了我国水市场体系的建立和发展。随着经济体制改革的深入，商品市场和生产要素市场的发展和完善，市场在资源配置中的决定性作用日渐增强。伴随着水资源的日益短缺，水在国民经济中的作用越来越重要。尽早实现水资源生产要素市场化，加快建立和发展水市场，促进水权交易的实现，在市场供求的调节下以价格为导向进行水资源的流动利用和有效配置，保障水资源供给的长期性和稳定性，已成为目前我国水安全保障体系的重要组成部分。①

二、研究意义

目前我国的水安全现状已成为经济社会发展的制约性因素，严重阻碍经济社会的健康发展，影响区域和国家的稳定，因此迫切需要利用市场机制和创新型管理模式消除水危机发生的不利因素。水资源在传统的计划经济体制下缺乏灵活的管理手段，运用经济、法律、制度等手段，加强水安全保障的市场机制与管理模式的研究，有利于缓和水资源供需紧张的矛盾。

从保障区域水安全的水利工程建设和非工程措施的市场机制与管理模式等相关领域出发，调研国内外市场机制在水安全保障方面的典型案例与经验教训，研究水利基础设施工程建设的融资体系和引导社会资本投资并参与重大水利工程建设的运营机制，研究我国水价制度、水权制度、最严格水资源管理制度以及水安全管理体制等，归纳总结我国水安全保障市场调节机制存在的主要问

---

① 裴志强.我国水市场的培育和发展问题研究[D].石家庄:河北师范大学,2011.

题,进而有针对性地提出充分发挥市场调节作用的政策建议,研究成果可以进一步完善我国的水资源产权制度和水市场理论,还可以为我国水资源产权制度的布局和水市场体系及其运行机制的构建提供理论思路与决策依据,对指导我国水安全保障的市场机制和管理模式具有重要的意义。

第二节 水安全保障的国内外研究进展

一、国外相关研究进展

近年来,世界水资源正面临着空前的危机,水安全保障已经成为世界各国关注的焦点问题之一。近一个世纪以来,伴随着世界人口的不断增长,人类的用水量直线上升,对环境产生了巨大的影响。当前,世界近 13 亿人口无法得到安全的饮用水,每年超过 500 万人死于不安全用水导致的疾病。特别是在发展中国家,有近 95% 的传染性疾病与水污染有关。严峻的水安全问题引起了专家学者、各国政府和国际组织的广泛关注。2000 年 3 月,海牙世界部长级水安全会议的主题是"水的安全:从洞察到行动",各国部长和专家们普遍认为:在 21 世纪中,世界上半数的湿地将会消失,一半河流会被污染,水灾害造成的损失显著增加,水行业面临着普遍危机。为了应对未来的水危机,各国部长和专家在《海牙宣言》中提出要让地球上每个人都能够用上价格能承受、数量足够的清洁水,同时保护和改善自然环境。2000 年 8 月在瑞典斯德哥尔摩召开了主题为"21 世纪水安全"的国际水问题研讨会,提出要用创新的方法解决 21 世纪的水安全问题。2002 年 7 月,世界水周(World Water Week)会议在瑞典斯德哥尔摩召开,主题为"平衡竞争的水资源使用",会议探讨了流域用水竞争的优先原则、水价、水与能源的综合开发利用、可居住城市与水等内容,分析了全球化对世界水安全的影响,提出了全球化背景下的水资源安全对策。[①]

在国际组织的不断引导和各国政府的广泛支持下,国内外学者对水安全做了许多深入的研究,各界学者结合不同地区的情况和自身的知识背景从不同角

---

① 韩宇平.区域安全的水资源保障研究[M].北京:中国水利水电出版社,2013.

度对水安全进行了探讨和研究,他们的研究成果构成了水安全理论体系的各个方面,研究过程中的理论和方法也成为后来研究的重要基础。Gunnar Kullenberg 指出,传统安全的概念强调单个国家的军事安全方面,现在安全的概念逐渐包含了能源、资源、经济、生态以及社会方面,人类健康、环境以及人类谋生手段,已经成为政府关注的重点。[1] Philip P. Micklin 和 Martin Sherman 通过研究认为在水资源紧缺的中东、中亚等敏感地区,水资源可能成为诱发社会冲突的重要因素。[2][3] 美国学者 Brown L. R. 等认为中国的水资源短缺可能会影响世界粮食安全。[4] Mateen Thobani 认为水权市场的建设有许多限制因素,包括由于水资源的流动性和水量季节上不确定性而导致的水权界定和水量计量上的困难,计量和转移水资源的基础设施是否完善,垄断导致的效率低下,信息不充分而导致交易成本过高,水资源开发利用过程中对第三方的影响,水资源的公共物品特性等。[5] Charles W. Howe 等通过对美国加州科罗拉多河流域 3 个不同的水权市场做比较,分析了水权制度安排、经济环境及水权界定的具体形式对水权市场的影响。[6]

二、国内相关研究进展

随着经济的快速发展,我国对水资源的需求不断增加,水资源短缺日益加剧,传统的水资源配置方式已不适应我国快速发展的市场经济的要求。在这种情况下,对水权和水市场的研究已经成为我国水利部门和科研工作者的研究热点之一。水安全现状已经成为我国经济社会可持续发展的制约性因素,对区域

---

① KULLENBERG G. Regional co-development and security:a comprehensive approach [J]. Ocean & Coastal Management,2002,45(11-12):761-776.

② MICKLIN P P. Water and the new states of central Asia[M]. London:The Royal Institute of International Affairs,1997.

③ SHERMAN M. The politics of water in the Middle East:an Israeli perspective on the hydro-political aspects of the conflict[M]. St. Martin's Press,Inc. ,1999.

④ BROWN L R,HILWEIL B. China's water shortage could shake world food security [J]. World Watch,1998,(7,8):10-18.

⑤ THOBANI M. Tradable property rights to water:how to improve use and resolve water conflicts[J]. Public Policy for the Private Sector Feb,1995,34:3-6.

⑥ HOWE C W,GOEMANS C. Water transfers and their impacts:lessons from three Colorado water markets[J]. Journal of the American Water Resources Association,2003,39(5):1055-1065.

和国家的安全稳定具有很大影响,解决这一严重问题已是刻不容缓的重大任务。2004 年,首届"中国水安全问题论坛"在北京举行,会议的主题为"水安全问题论坛:水自然科学与水社会科学面临的问题与对策",会议的目的是研讨和交流因气候变化以及人类活动影响带来的水安全问题、水科学与社会科学交叉研究的新理论和方法以及实际应用中的对策和经验。

在国际机构的不断引导和我国政府的广泛支持下,国内各界学者特别是水资源界学者对水安全做了许多探索性的研究。陈家琦认为水的安全保障应当涉及以下几个方面的内容:为支持社会和经济发展的需要,对各类用水要求提供适当保证程度的、水质和水量都可满足要求的水供应;通过江河治理,减轻因洪涝灾害造成的损失,保护人民生命财产,维系社会稳定;努力增加可利用水量,开发除河川径流和地下水之外的可利用水源;不断改善水环境,治理水污染,减少污染源,并与整个环境治理同步;推行合理用水和节约用水,实行水资源统一管理,治理水土流失现象;注意开发利用水资源对有关生态和环境的影响。① 姜文来认为水安全问题是指相对人类社会生存环境和经济发展过程中发生的与水有关的危害问题,例如洪涝、溃坝、水量短缺、水质污染等,并由此给人类社会造成损害,例如人类财产损失、人口死亡、健康状况恶化、生存环境的舒适度降低、经济发展受到严重制约等。② 洪阳认为水是水质与水量的统一体,由于人类活动影响,使得水资源减少,污染加剧,改变了水文循环平衡,并且降低了水质,该作用后果是隐性、广泛和滞后的,当长期作用累计超过承受阈值时,就会危及自然、经济社会系统的正常运转,引发水安全问题;由于人类不可持续的经济社会活动使得水体弱化或丧失正常功能,不能维持其社会与经济价值,危及人类对水的基本需求,进而引发一系列的经济社会和环境安全问题。③

我国不少学者和专家提出了若干评价水资源安全的指标体系。夏军等认为水资源承载力是评价水资源安全的一个基本度量,水资源承载力是区域自然资源承载力的重要组成部分,是水资源紧缺地区能否支撑人口、经济与环境协

---

① 陈家琦.水安全保障问题浅议[J].自然资源学报,2002,17(3):276-279.
② 姜文来.中国 21 世纪水资源安全对策研究[J].水科学进展,2001,12(1):66-71.
③ 洪阳.中国 21 世纪的水安全[J].环境保护,1999(10):29-31.

调发展的一个瓶颈指标。[1] 韩宇平等提出了一套具有层次结构的水安全度量指标体系,并用熵值法计算了这些指标的权重值,之后用模糊评价方法对我国一些地区的水安全状况做出了评价。[2][3] 成建国等系统地提出水安全评价指标体系,初步建立了北京市水安全监测系统,评价并分析了北京市水安全状况,诊断了北京市水安全动态,提出了北京市水安全保障措施构想。[4] 贾绍凤等应用区域水资源压力指数,选取水资源安全评价指标体系来评价水资源安全。[5] 虽然国内外对水安全有了很多的探讨和研究,也产生了很多重要的成果,但与目前水安全问题的严重性和紧迫性相比,这些研究还远远不够,特别是对水安全研究的系统性显得不足,关注和研究的焦点也多集中于水安全的概念和某些保障策略,或者着眼于水安全引起的生态环境安全等问题,或者专注于水安全的某个方面。

从水安全的概念和我国所面临的水安全问题可以看出,水安全问题具有复杂性,使用单个措施无法全面解决水安全问题,必须综合水资源、工程、经济、社会、生态等方面的研究成果,使用工程措施和非工程措施的有机结合来解决问题。李原园等结合水市场现状,分析了水市场的作用及其特征,提出了培育水市场的具体措施、水权交易的基本模式和实施水权制度的保障措施。[6] 葛颜祥等对水市场运行机制中的供求机制、价格机制和竞争机制进行了研究。[7] 通过对我国水市场的研究,促进我国水资源的商品化、市场化的发展,尽早形成中国特色的社会主义水产权制度和水市场运行机制,使我国日益短缺的水资源得到严格保护、合理配置和高效利用。通过这些研究,既可以进一步丰富和完善我国的水资源产权和水市场理论,还可以为我国水资源产权制度的制定和水市场

---

① 夏军,朱一中.水资源安全的度量:水资源承载力的研究与挑战[J].自然资源学报,2002,17(3):262-269.

② 韩宇平,阮本清.区域水安全评价指标体系初步研究[J].环境科学学报,2003,23(2):267-272.

③ 韩宇平,阮本清,解建仓.多层次多目标模糊优选模型在水安全评价中的应用[J].资源科学,2003,25(4):37-42.

④ 成建国,杨小柳,魏传江,等.论水安全[J].中国水利,2004(1):21-23.

⑤ 贾绍凤,张军岩,张士锋.区域水资源压力指数与水资源安全评价指标体系[J].地理科学进展,2002,21(6):538-545.

⑥ 李原园,刘戈力,高亦绢.水市场与水权交易[J].水利规划与设计,2004(2):9-12.

⑦ 葛颜祥,胡继连.水权市场运行机制研究[J].山东社会科学,2006(10):88-90.

体系及其运行机制的构建提供理论思路与决策依据。

从国内外研究现状可以看出,在水安全保障的市场机制与管理模式方面,我国起步较晚,基本仍停留在理论研究层面,尚未形成统一的水安全管理体制。尤其是在工程措施和非工程措施相结合的市场机制、水资源市场化改革保障水安全等方面研究较少,很大程度上制约着我国水安全管理体制机制的稳步落实。通过分析我国的区域水安全保障问题和水资源配置制度,可以发现,传统的水资源管理模式存在着水权方面的结构性缺陷,难以对过量取水导致的浪费施加有力的制度约束,导致水资源价格严重扭曲,远低于生产成本,起不到调节用水的杠杆作用,致使用水粗放式增长,造成水资源浪费严重、用水效率损失和生态环境的破坏。这充分说明指令性配置模式不可能使水资源得到高效配置和有效利用,在水资源日益稀缺的情况下,必须进行制度创新。

在完善的市场机制下,水资源的利用调配和水利基础设施建设的投资不再完全依赖于政府的计划和拨款,而是通过对筹集到的市场闲散资金的有偿使用来运作,这样可以有效地避免政府干预可能导致的垄断和资本价格的扭曲。总体而言,我国水安全保障的市场机制与管理模式存在的问题可以总结如下:①我国在保障水安全、解决水资源供需矛盾这一重大问题时,实施了各种工程技术措施,但目前还欠缺水利工程建设与非工程措施相结合的制度性创新,必须认真研究水安全保障的需求和市场机制对水安全保障的作用,系统结合工程建设的市场融资体系和非工程措施的水市场作用,有针对性地提出可充分发挥市场调节作用的政策建议;②水资源市场化改革是市场机制保障水安全的制度核心,水价制度、水权制度、最严格水资源管理制度与水安全管理体制相结合将是今后工作的重点和难点,通过将水资源管理引入市场机制,利用经济手段从根本上解决低效率的过量用水问题,提高水资源的利用效率,保障区域水安全;③水资源自身具有特殊的自然属性和复杂的社会属性,决定了水市场是政府宏观调控与市场机制相结合的市场。在水安全保障市场机制中关于政府监管体制的研究还处于薄弱环节,只有建立有效的政府监管体制,才能保证企业间的公平竞争和良好的市场秩序,实现水市场正常运转和健康发展。

2014年3月14日中央财经领导小组第5次会议专门研究了我国水安全战略,会议指出,我国新老水问题相互交织,水已经成为当代中国最短缺的产品,水安全已亮起红灯,必须坚持"节水优先、空间均衡、系统治理、两手发力"的思路(即"十六字"治水方针),实现治水思路的转变。发挥市场机制作用,要善于运用市场价格,让价格这个杠杆来调节供求;从水安全面临的严峻形势看,水价调整势在必行。"十六字"治水方针深刻回答了我国水治理中的重大理论和现实问题,为水利工作提供了科学的思想武器和行动指南。保障水安全,无论是系统修复生态、扩大生态空间,还是节约用水、治理水污染等,都要充分发挥市场和政府的作用,要充分利用水权、水价、水市场优化配置水资源,让政府和市场"两只手"相辅相成、相得益彰,加快构建中国特色水安全保障体系。①

第三节　水安全保障的研究内容与章节安排

从水安全保障和市场机制的基本理论入手,分析水价制度、水权制度、水市场体系、水利工程建设的 PPP 模式等水利相关领域目前的研究现状和我国水安全保障要求之间的差距,调研国内外水安全保障管理体制在市场机制方面的经验做法,研究我国水价制度、水权制度、水利工程建设的项目融资模式,有针对性地提出充分发挥市场调节作用的政策建议,提出稳步推进政府管理和市场调节相结合的水安全保障管理体制的总体思路。本书框架结构与分章主要安排如图 1.1所示,主要研究内容如下文所述。

第一章为绪论部分,主要介绍了水安全保障市场机制与管理模式的研究背景、研究意义及国内外研究进展。

第二章主要介绍了国内外关于水安全和水安全保障概念的研究与认识,并与之相结合阐述了水安全和水安全保障的定义;介绍了我国水安全的基本现状,并分析了其存在的问题;从工程、非工程措施方面阐述以市场机制、管理模式为基础的国家水安全保障体系;分析目前的水安全保障体系存在的问题。

第三章主要介绍了水安全保障工程措施的市场机制与管理模式。水利基础设施的工程建设是水安全保障体系的物质基础,是非工程措施管理模式的依托。本章研究水利基础设施工程建设的市场机制与管理模式和水利基础设施工程建设的融资体系,研究引导社会资本投资并参与重大水利工程建设运营机

---

① 陈雷. 新时期治水兴水的科学指南:深入学习贯彻习近平总书记关于治水的重要论述[J]. 中国水利,2014(15):1-3.

制,通过引入市场竞争和激励约束机制,提高公共产品或服务的质量和供给效率。研究政府与社会资本合作的 PPP 模式,作为一种创新的市场化公共产品服务供给和管理方式,通过放宽市场准入,鼓励公平竞争,优化政府和市场资源配置,提高公共财政资源效率,增加公共产品服务供给和质量,实现公众、企业和政府合作共赢,分析公共产品服务领域贯彻政府职能转变的体制机制变革。

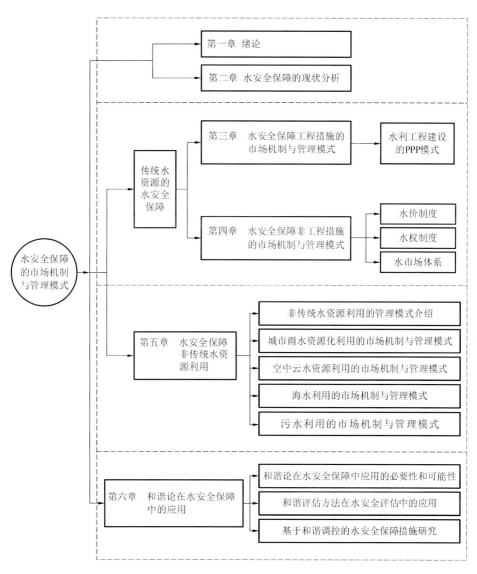

图 1.1 本书框架结构与分章主要安排一览图

第四章主要介绍了水安全保障非工程措施的市场机制与管理模式。从水价制度、水权制度、水市场体系等水利相关领域出发,结合水利部相关文件,总结分析我国水安全保障相关领域的市场调节机制。通过调研国内外的经验做法,提出水安全保障的市场机制和管理体制的指导思想、基本原则和实施建议;论述了水市场在水资源高效配置和水安全保障方面的重要地位,简要介绍了美国、澳大利亚、智利以及国内的一些水权交易与水市场制度的实例,阐明了水市场具有的重要作用和优势,总结了水市场制度建立与运行中的经验教训,对我国水市场制度的发展现状做了详细的分析和解读;在总结我国水市场制度缺陷的基础上,提出了改革管理模式、创新水权水价制度、强化市场机制等具有针对性的建议,并为这些建议提供了具有指导性和可行性的落实方案;充分借鉴国内外经验与做法,结合我国国情、水情、农情、工情,探索性提出深入推进农业水价综合改革的对策建议,介绍了我国农业水价改革政策提出和实施的历程及存在的问题,提出农业水价改革的政策建议;总结我国水资源管理的现行制度以及存在的问题,提出改革现行管理制度的相关建议。

第五章介绍了水安全保障非传统水资源利用。首先阐述了非传统水资源的概念、作用和对水安全保障的意义,并对非传统水资源的市场机制和管理模式做了简要的介绍。随后分别介绍了雨水资源、空中云水资源、海水利用和污水利用的市场机制和管理模式,研究了国内外非传统水资源利用的发展现状,总结了经验教训,联系我国实际分析了当前我国非传统水资源利用存在的问题,对我国的非传统水资源的市场机制与管理模式的发展和改善提出了建议。最后剖析了传统与非传统水资源之间的联系,分析了二者的相互作用,并对在现有条件下如何使二者有机结合、相互协调以共同促进我国的水安全保障工作提出了一些具有建设性的意见。

第六章介绍了和谐论在水安全保障中的应用。水安全是维持国家整体安全的一个重要方面,为了保障我国的水安全,实现人水和谐发展,将和谐论这一理论方法引入水安全保障研究中。首先,简要介绍了和谐论的基本概念、主要内容;接着,论述了和谐论在水安全保障研究中应用的必要性和可行性;然后,介绍了和谐评估方法在水安全评估中的应用,并以河南省为例,研究了其水安全系统和谐程度的变化;最后,应用和谐论调控理论,提出了一系列具有针对性的水安全保障措施,以为保障水安全奠定基础。

第二章 水安全保障的现状分析

第一节 水安全与水安全保障

一、水安全概念综述

水资源是世界上十分珍贵的资源,是人类生存、社会发展必不可少的资源。古人云,水利兴则国兴。然而从目前来看,我国的水资源情况不容乐观,水灾害频发,水安全和水安全保障随之成为研究的热点。国内外专家学者对于水安全和水安全保障的定义有不同的见解,本书对定义进行总结,并提出水安全与水安全保障的定义。

2000 年,在瑞典斯德哥尔摩举行的国际水问题研讨会议中出现"水安全"一词,并定义:在一定流域或区域内,以可预见的技术、经济和社会发展水平为依据,以可持续发展为原则,水资源、洪水和水环境能够持续支撑经济社会发展规模、能够维护生态系统良性发展的状态即为水安全。[①] 近几年来,水安全一词的热度只增不减。国内外专家学者对水安全的定义进行研究讨论,并给出多种多样的水安全定义。

2000 年 3 月发布的《21 世纪水安全——海牙世界部长级会议宣言》中指出,21 世纪的水安全目标:确保保护和改善淡水、沿海和相关的生态系统;确保促进可持续发展和政治稳定性;确保人人都能够得到并有能力支付足够安全的水,过上健康和幸福的生活;并且确保易遭受、易影响的人群能够得到保护,以

---

① 康绍忠.水安全与粮食安全[J].中国生态农业学报,2014,22(8):880-885.

避免遭受与水有关的危险。①

联合国前秘书长科菲·安南在 2001 年世界水日的献词"水的安全,人类最基本的需求"中提到,水安全是人类的基本需求,也是人类的基本权利。因此水资源污染、供水不足都会阻碍人类社会的进步,侵犯人类的尊严。据统计,全世界约有十几亿人口使用的水未经处理,大约有 25 亿人缺乏卫生安全基础设施,这些人生活在资源匮乏、经济贫困的区域;在发展中国家,约有 80% 的疾病和死亡案例都是由于使用不安全的水导致的。水安全是人类生活的基本保障,所有人可以使用干净、安全和有益的水是我们奋斗的目标。

2009 年,联合国教科文组织对水安全的定义:人类生存发展所需的有量与质保障的水资源、能够维持流域可持续的人与生态健康、确保人民生命财产免受水灾害(洪水、滑坡、旱灾)损失的能力。②

D. Grey 等定义,水安全是结合可接受的人类、生态系统、经济相关的水风险水平,可以保障人类健康、生活、生态系统和生产的可接受的水质和水量。水资源安全的实质是水资源可用总量能否满足人类正常生活、社会协调发展的水资源需求量。③

张翔等认为水安全的内涵应从 3 个方面进行考虑:人类生活方面、影响水安全的因素方面及如何保障水安全方面;水安全的定义为水的存在方式(量与质、物理与化学特性等)及水事活动(政府行政管理、卫生、供水、减灾、环境保护等)对人类社会的稳定与发展是无威胁的,或者说存在某种程度的威胁,但是可以将其后果控制在人们可以承受的范围之内。④

洪阳将水安全分为自然型水安全和人为型水安全,由于水资源的时空分布不均导致的干旱和洪涝则为自然导致的水资源不安全;人类肆意抽取水资源,抽取水量超过可持续水量,人类活动造成水资源污染,水质达不到标准,则为人为的水

---

① CHALLENGES T M. Ministerial declaration of the Hague on water security in the 21st century[J]. Declaration made at the second World Water Forum,2000,3:17-22.

② UNEP(United Nations Environment Program). Water security and ecosystem services:the critical connection[Z]. Nairobi,2009.

③ GREY D,SADOFF C W. Sink or swim? Water security for growth and development[J]. Water Policy,2007,9:545-571.

④ 张翔,夏军,贾绍凤. 水安全定义及其评价指数的应用[J]. 资源科学,2005(3):145-149.

资源安全。分析水资源不安全的原因,采取更有效的措施保障水安全。①

谷树忠等从水的功能阐述了水安全的科学内涵,即从水的资源功能、环境功能、生态功能、水功能、民生保障、国际关系等方面;水安全包含水资源安全、环境安全、生态安全、水工程安全、供水安全和国际水关系安全等。②

夏军等认为水安全是动态的,随着全球气候的变化水安全问题也会随之变化。水安全意味着可以有质有量地保障人类的利用管理和社会的稳定发展,或者人类有能力将环境影响的威胁控制在可接受的范围之内。③

二、本书对水安全的定义及解读

安全是人类基本需求中最根本的一种需求,随着社会的发展,安全不仅指拥有和保持某种现有的稳定状态和秩序,避免潜在的威胁或恐慌,更有对于可持续发展的诉求。④ 本书对水安全给出如下定义:从一般意义来讲,水安全是保障人类生存、生产以及相关的生态和环境用水安全的统称。出现与水有关的危害都是水安全需要解决的问题,如缺水、洪涝、水污染、溃坝等可能带来的各种危害,包括经济损失、人体健康受影响、生存环境质量下降等。随着全球环境、气候的不断变化,水安全的标准也是动态变化的。水安全应包含水质安全、水量安全,水质能符合国家设定的标准,水量能满足人类和社会发展的需求。水安全是水资源支撑人类生存和发展的重要方面,已上升到国家安全战略层面。水安全与粮食安全、能源安全一起被列为三大安全问题,是实现经济社会可持续发展的重要基础。

水安全直接影响生态安全、环境安全,也关乎国土安全,在一定程度上影响国民经济和人类社会的发展。因而,保障国家水安全已经成为国家可持续发展刻不容缓的重要战略措施,建立符合我国国情、解决我国水问题的水安全保障体系迫在眉睫。

---

① 洪阳.中国 21 世纪的水安全[J].环境保护,1999(10):29-31.

② 谷树忠,李维明.关于构建国家水安全保障体系的总体构想[J].中国水利,2015(9):3-5.

③ 夏军,石卫.变化环境下中国水安全问题研究与展望[J].水利学报,2016,47(3):291-292.

④ 李琳,左其亭.重视社会经济安全的量化方法研究[N].中国水利报,2009-10-22(2).

三、水安全保障概念综述及本书的定义

从目前情况来看，我国水安全情况不容乐观，形势非常严峻，国家必须建立健全、有效的水安全保障体系。顾名思义，保障的含义为保护、确保，水安全保障即为水安全的保护措施。陈家琦认为水安全保障应考虑6个方面：①保证为社会和经济发展提供满足需求的有质、有量的水资源；②通过治理手段，减轻干旱、洪涝灾害对人类生命和财产的损失；③利用科技手段，开发除传统水资源之外的水资源；④治理污染；⑤制定合理的水资源管理制度；⑥注意水资源开发利用的生态和环境影响。[①] 苏玉明等认为通常的水安全保障分为广义水安全保障和狭义水安全保障，广义水安全保障注重结果，而狭义水安全保障注重过程。[②]

水安全保障是针对水安全形势及状况采取相应的措施，以确保粮食安全、社会安全、经济安全、生态安全等，维持社会稳定。确保水资源推动经济社会发展的同时，合理开发利用水资源，节约用水，保证水资源处于安全状态。

第二节　我国水安全的基本状况

我国是水资源问题较为严峻的发展中国家，我国的专家学者将我国的水资源问题简化概述为水多、水少、水脏、水浑。水安全问题关乎粮食安全、国家安全、国际水资源安全，正确分析我国的水安全问题有利于社会的稳定发展，是关乎民生的大计。本节从水资源安全、水环境安全、水生态安全、水工程安全、供水保障安全、洪涝防御安全6个方面阐述我国的水安全现状。

一、水资源安全

我国是一个严重缺水的国家，总体来看，水资源量不能满足经济社会发展的需要，出现干旱、缺水等问题，并导致一系列的供需矛盾。我国水资源总量居世界第6位，人均水资源占有量约为世界人均占有量的1/4，不足1/3，被列为全

---

① 陈家琦.水安全保障问题浅议[J].自然资源学报,2002(3):276-279.
② 苏玉明,贾一英,郭澄平.水安全与水安全保障管理体系探讨[J].中国水利,2016(8):12-14.

球 13 个水资源贫困国家之一。我国水资源时空分布不均。从空间上看,与经济社会发展格局不匹配,辽河、黄河、淮河、海河流域的总面积占全国的 18.7%,接近南方四片(长江、珠江流域,浙闽合,西南诸河)的一半,耕地占全国的 45.2%,人口占全国的 38.4%,但水资源总量仅为南方四片水资源量的 10%。从时间上看,年内、年际降水量和径流量变化都很大,大部分区域,冬、春季节少雨,夏、秋季节多雨。

我国各地的降水量相差悬殊,不同地区和不同季节发生干旱的程度也不一样。北方发生连发性干旱的概率比南方高,1876—1878 年,河南、陕西、山东、甘肃、安徽、山西等 18 个省遭遇连续 3 年的干旱;1959—1961 年,长江、黄河、淮河流域遭遇连续 3 年的干旱;连年干旱造成粮食减产甚至绝收,危及我国的粮食安全。南方汛期一般在 5—8 月,降水量占全年的 60%~70%,近 2/3 的水量以洪水和涝水的形式流入海洋;华北、东北、西北地区的汛期一般在 6—9 月,占全年降水量的 70%~80%,这些降水往往集中于几次较大的暴雨中,容易造成洪涝灾害,也给降水收集利用带来困难。

二、水环境安全

工业、农业的快速发展,生活水平的不断提高,用水量不断增加,污染问题也逐渐出现,工业废水、生活污水处理不达标排放,造成河流污染,水质严重下降,藻类时常暴发。改革开放初期只注重社会、经济的发展速度和规模,而不注重其对环境造成的影响,使水资源污染严重,河流富营养化,打破生态平衡。从某种意义上讲,水质引起的水安全危机要大于水资源短缺引起的水安全危机,水质引起的水安全危机还会进一步引发其他问题,如"癌症村"、消耗更多的能源与资金处理被污染的水资源等。

据统计数据显示,改革开放以来,特别是 20 世纪 90 年代,工农业发展尤为迅速,废污水排放量大幅增加,2003 年全国废污水排放总量达 6.8 亿 t(其中工业废水占 2/3,城镇生活污水占 1/3),比 1980 年的 2.39 亿 t 增加了近 2 倍。[①]大约 2/3 的地表水有明显被污染的迹象,90% 以上的地下水受到污染,其中 60% 受污染情况较为严重。在某些北方缺水地区出现"有河皆干,有水皆污"的

---

① 汪恕诚.怎样解决中国四大水问题[J].水利经济,2005,23(2):1-2.

现象,南方地区出现"有水皆污"的现象,80%以上的河流都受到不同程度的污染,90%以上的城市生态呈现恶化趋势。根据《2013年中国环境状况公报》的数据,全国十大流域的地表水国控断面中,Ⅳ～Ⅴ类和劣Ⅴ类水质断面比例分别为19.3%和9.0%,合计占28.3%;全国198个地市级行政区开展的4929个地下水水质监测点中,水质呈较差级和极差级的监测点占57.3%。由此可见,我国的水环境总体情况较差,给国民经济发展带来严重损失,对饮用水造成严重威胁,影响人类正常、健康的生活。

三、水生态安全

由于水资源短缺,我国的生态环境也受到威胁,湿地不断减少、河道断流、河湖干涸等问题严重,危及生态安全。受人类活动的影响,水生态系统面临退化的危险。人类的不合理开发利用,使水生态系统严重受损。多数流域的草场、湿地退化严重,一些草场的退化率达到60%以上,覆盖度为70%左右的草甸目前已经降至30%以下。20世纪50年代到20世纪末,全国范围内流域面积超过10km²的河流中有1/3以上出现河流萎缩,天然陆域湿地面积减少28%,黄河、塔里木河等大河出现断流现象。河流断流、湖泊萎缩、湿地退化、水土流失等问题已经严重危及经济社会发展和生态系统健康。

人类活动也对河流泥沙造成了一定的影响,出现水土流失、水库及河道淤积的现象。严重的水土流失会导致土地退化、生态严重恶化。目前我国水土流失面积295万km²,占国土面积的31%,其中重度侵蚀面积占33.8%,黄河下游尤为严重,河道严重淤积,防洪问题十分严峻。①

四、水工程安全

新中国成立初期,我国投入大量人力和物力修建水利工程,以缓解我国的用水矛盾和防洪、发电等问题,为经济社会发展做出了突出的贡献。然而,从目前情况来看,我国的水利工程建设仍处于落后阶段,已对我国的经济持续发展和社会和谐稳定造成了影响。我国的水利建设仍存在很大缺口,工程建设仍不能满足社会发展的需求,工程型缺水问题还很严重;同时,工程质量和标准还有待提高。由于工程质量和标准问题,造成突发性洪水灾害,如2013年黑龙江与

---

① 中华人民共和国水利部.第一次全国水利普查水土保持情况公报[J].中国水土保持,2013(10):2-11.

松花江的特大洪水,暴露出水利基础建设的滞后和薄弱。另外,水利工程的运行管理也较为落后,需要提高信息化管理水平,同时,还存在一些水利工程的配套设施不完善、设备老旧、管理不善、运行状态不良等现象。

五、供水保障安全

我国水资源先天不足,一些地区的人均水资源占有量少,且由于经济社会的发展,又导致用水需求增大,再加上水污染问题使一部分水资源无法利用,水资源供需矛盾加剧,供水保障受到严重挑战。我国的年平均降水量低于全球陆地的平均降水量,由于受季风气候的影响,我国水资源分布极不均衡,"南多北少,东多西少"。全国600多个城市中,大约有400个城市供水不足,100多个城市严重缺水。我国经济社会的快速发展,用水量逐渐增加,导致用水压力不断增加,然而短期内用水压力无法减缓。按照国家新型城镇化规划,预计我国2020年人口城镇化率达60%,加之新型工业化的加速推进,水资源供需矛盾将进一步加剧,保障供水安全的压力越来越大。

六、洪涝防御安全

洪涝灾害问题对应着"水多",表现为洪水、山体滑坡、泥石流、大坝溃决等,近些年来,城市内涝现象也较为严重。由于季节性原因,洪水多发生在春季、夏季和秋季,我国的洪涝灾害多发生在黄河、长江、淮河、海河的中下游地区。研究表明,我国600多个城市中,大约有90%都存在洪涝问题,需要在汛期时刻做好防洪的准备。孙春鹏等研究认为,存在一个时期洪水发生频率较高而另一个时期频率较低的现象,高频率时期与低频率时期呈阶段性交替变化,高频率期发生的洪水通常连年出现,具有重复性和连年性。[①]

洪涝灾害对社会发展、人类生活具有很大的影响。短期内,会造成房屋倒塌、人员伤亡,消耗大量物资,直接造成大量的经济损失,其中对农业的影响较为明显。灾后重建期,原本用来进一步发展的物资需用来抗灾救援,在一定程度上阻碍灾区经济的发展并使社会资金减少。就目前情况而言,我国洪涝灾害频发,对城市居民的影响小于对农民的影响,会导致粮食产量减少,危及国家粮食安全。近年来,国家加大了对防洪工程的投入,一些重要河流的防洪状况得到了很大改

---

① 孙春鹏,周砺,李新红.我国江河洪水季节性规律初步分析[J].中国防汛抗旱,2010,20(5):40-41.

善,然而从全国范围来看,防洪建设始终是我国的一项长期而紧迫的任务。

七、其他方面

我国水资源短缺问题严重,且用水效率仍较低。据《2015 年中国水资源公报》公布的数据,2015 年全国农田灌溉水有效利用系数为 0.536,万元工业增加值用水量 58.3m³。据《2015 年城乡建设统计公报》公布的数据,2015 年全国城市污水处理率 91.90%。与发达国家相比,我国的水资源浪费现象仍然较严重,处理污水技术和重复利用水资源的空间还可以进一步提升。

跨国界的水资源管理和水资源分配问题也面临着挑战,存在水权交易、水资源分配、水污染、水生态冲突等多国治水的交叉问题。而且边界国家之间的水关系较为敏感,易引发边界安全问题,未来的发展呈现加剧的趋势。

第三节　国家水安全保障体系

国家水安全是国家安全的重要组成部分,国家资源安全、生态安全与之密切相关,在很大程度上影响社会安全、经济安全。水资源短缺、洪涝灾害、水环境恶化形成的水资源危机已经危及人类的正常生活,已经成为制约经济社会发展的主要因素。建立国家水安全保障体系是从根本上解决国家水安全问题的重要手段,需要遵循党中央提出的"四个全面"的战略布局:全面建成小康社会、全面深化改革、全面依法治国、全面从严治党,并贯彻新时期"十六字"治水方针"节水优先、空间均衡、系统治理、两手发力"。水利部陈雷部长说,构建国家水安全保障体系,必须用改革创新的思维,协调推进水利各领域改革,着力建立有利于水利科学发展的体制机制。[①] 本书从市场、政府、社会 3 个方面思考国家水安全保障体系的构建,构建起"市场-社会-政府"全面参与的制度体系。

一、水安全保障体系框架

为了响应国家的治水方针,国家水安全保障体系应包括市场机制体系、社

---

① 李玉梅,云帆.践行新时期治水思路 构建国家水安全保障体系——水利部部长陈雷答本报记者问[N].学习时报,2015-04-27(1).

会机制体系和政府机制体系 3 个方面。这 3 个机制的建立还需要对应的一系列措施作为保障,从而保障水安全系统的良性运行和经济社会的可持续发展。具体内容见图 2.1。

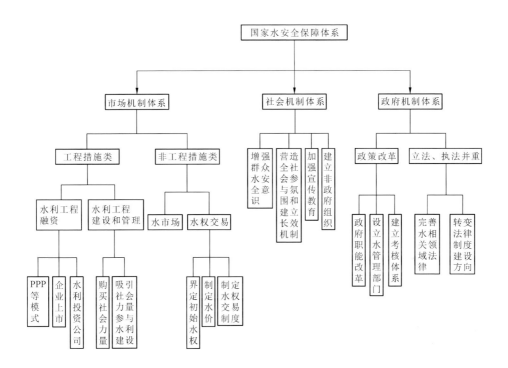

图 2.1　水安全保障体系框架图

二、水安全保障体系关键内容

(一)市场机制体系

水资源优化配置是缓解水资源紧缺的重要手段,由于水资源本身的竞争性和可分割性,恰好可以发挥市场机制的决定性作用将水资源配置达到最优化,最大程度上缓解水资源问题。本书研究的市场机制包括工程措施类的市场机制和非工程措施类的市场机制,从这两个方面阐述市场机制体系。

1. 工程措施类的市场机制

大部分水利工程属于非营利性的建设项目,或具有社会服务功能的项目,对国民经济的提高和民生改善具有重要作用。近年来,我国逐渐投入大量资金用于水利工程建设,但是仍存在很大的资金缺口。因此,加快水利工程建设,需要进一步发挥市场机制的作用。总体来说,政府发挥主导作用,在水利工程的融资、建设、管理环节引入市场机制,解决水利工程建设资金缺口的严重问题,提高投资效益,落实工程的管护责任,实现水利工程可持续发展的目标。

(1)水利工程融资方面。各级政府为了发挥市场机制的作用,融资方式变得更为灵活。我国目前已经有很多城市在供水和污水处理等领域采用 BOT(建设-运营-移交)、TOT(转让经营权)、BT(建设-移交)、PPP(政府与社会资本合作)模式吸引外资和民营资本进行投资。很多水利企业已经在上海交易所、深圳交易所上市,如三峡水利、中国水电等上市公司。上市公司通过发行股票、融资债券,实现了资本的快速增长,改善了融资负债率。自 2011 年中央一号文件出台以来,国家加大了对水利建设的投资,社会上也出现了很多水利投资公司,整合社会各方投资用于水利建设。

(2)水利工程建设和管理方面。工程建设管理、运行管理、维修养护、技术服务等水利公共服务可以采用购买社会力量的方式,因地制宜地采用水利工程代建制和设计施工总承包的方式,实行专业化、社会化的水利工程建设和管理。政府推行水利工程建设的审批改革,在审批环节适当放权并提高审批效率,明晰政府和市场的职能,加大公开力度。建立合理的水利工程建设政府补贴机制和水利工程水价制度,吸引更多的社会资本参与到水利工程建设和管理中。

2. 非工程措施类的市场机制

水权交易是通过市场机制实现水资源优化配置的重要途径,是提高水资源利用效率和效益的重要措施,为水资源可持续利用、经济社会可持续发展提供支撑。水权交易是在合理界定和分配水资源使用权的基础上,通过市场机制实现水资源使用权在地区间、流域间、流域上下游、行业间和用水户间流转的行为。

界定和分配初始水权、制定合理的水价、完善水权交易制度是水资源市场配置的前提条件。①明晰水权方面。初始水权的确定是能否建立健全的水市场和能否被买卖双方接受的关键,地区的水权总和不能超过可利用总量,确定时应遵循公平性、灵活性、安全性、公众可接受性、有效性、可持续性等原则。水权应逐级确定分配,国家首先确定流域内各省的水权,各省级政府再将水权逐级分配,最终分配到用水户。②制定水价方面。为保证水资源的可持续利用,利用经济杠杆调节水资源的开发与利用是较为有效的措施。目前我国各行业采用全成本定价方式,其中农业水价的制定较为敏感,关乎农民的切身利益,应因地制宜,从多方面考虑制定合理的水价政策。③水权交易制度方面。首先应建立符合我国国情、遵循我国发展战略的水权交易机构,建立统一的管理体制,建立符合我国国情的水市场交易机制,从而提高水资源的利用效率、避免开发高成本的水源。

(二)社会机制体系

水资源的开发与利用需要靠政府、市场、社会三方的共同合作,才能确保水资源的可持续利用,仅靠一方、两方的参与是不够的。提高社会的参与度,从用水户的角度,从根本上解决水资源问题。群众是水资源利用的重要参与者,是构建节水型社会的主要推动力。

水安全关系到群众的切身利益,社会公众必须提高节水意识,全民参与到节水工作中。培养公众的水安全意识,提高其科学文化素养,并提高参与保障水安全的积极性和主动性。提高公众对政府和企业行为监督的参与度,使政府和企业行为更加规范,为节水型社会建设添砖加瓦。

(三)政府机制体系

政府的职能是组织协调、规划引领,构建系统完备的、完善合理的、运行有效的治水管理体系。推进政府职能的改变,调整水资源管理部门,逐渐简政放权,避免政府的过多干预,使政府和市场"两手发力"相辅相成。政府应在建设和管理体制改革、推行依法治水方面加大投入力度,用创新的思维,加大水利改革力度,加快构建水安全保障体系的脚步。

(1)建设和管理体制改革方面。因地制宜推行项目代建制、设计施工总承包等模式,建全水利建设市场信用体系,消除地方保护和不正当的竞争,加强工程质量监督和市场监督。

(2)法律制度建设方面。水资源法律制度应由适应计划经济模式向适应市场经济模式转变,由以前的立法为主,变为立法和执法并重。着眼于最迫切的水利领域,推进流域管理、河流管理、水利建设、农田水利等方面的立法进程,完善与水相关的法律体系。按照立法要求,严格执法,强化执法监督,依法强化水资源管理,依法规范水利市场的建设,依法惩处各类违法行为。

第四节　我国水安全保障现状分析

　　水是一种自然资源,也是与人类接触最密切的一种自然资源。水资源具有两面性,既有利也有弊。20 世纪中期至 21 世纪最初 10 年,人们过于注重经济发展速度和取得的成效,较少注重对自然界造成的损害,出现了洪涝、干旱灾害频发,水资源日益短缺,水污染现象严重等一系列的水安全问题。对此,国家有关部门从水资源管理、市场机制方面采取应对措施,取得了一定的成效,但还存在相当程度的问题有待解决,水资源浪费现象仍然普遍存在、环境污染还需加强治理。

一、水安全保障市场机制存在的问题

(一)水权制度不健全

　　我国当前实行的水权制度仅仅通过取水许可证来赋予用户一定的取水权力,水资源大多由国家强制性配置,水权的获取和使用几乎无须付出成本,也无须承担相应责任,还降低了水资源分配和管理的效率。由于我国水权制度的可操作性不强,超量取水行为难以受到监管和处罚,对所有用户的水权都造成了威胁。我国的水权制度不仅不符合未来水资源管理制度的发展方向,也严重影响了水市场的建设和市场机制的作用,因此必须对我国的水权制度进行改革。

(二)水价改革不到位

　　水价总体水平偏低,市场调节作用发挥不到位。我国大多数的水管部门一直处于亏损状态,水资源费、污水处理费征收标准太低,不仅不能反映水资源的稀缺性,而且无法满足正常污水处理所需费用,影响污水处理的正常运转。农业用水管理也存在一定问题,如基础设施落后、资金不足等。严重偏低的水价只能造成水管单位缺少足够资金修建农田灌溉水利工程,不完善的水利工程会增加供水成本,增加农民与水管单位的负担,起不到节水、给农民提供福利的作用。

(三)水利基础设施建设投资渠道单一

　　当前的水利工程建设项目中,相关资金的投入形式相对单一,给地方政府带来了严重的财政负担。政府与社会资本合作的 PPP 模式可以有针对性地有效解决"融资平台债务高、公共供给效率低、私营资本进入难"等问题,但在 PPP 模式实施中还存在一定问题,如水利工程建设 PPP 项目的自偿率较低,很多 PPP 项目的前期论证工作不足,缺乏水利工程建设 PPP 模式的外部性影响研究。政府方的市场契约精神不强,对于 PPP 的认识不到位,推行 PPP 的能力不足。社会资本方的项目融资不到位。现有 PPP 法律框架只能对水利工程建设项目实施比较有限的保障作用。

二、水安全保障管理模式存在的问题

水安全保障中要更好地发挥政府的宏观调控能力,增加水安全保障的能力。目前,节水相关部门还没有完全按照节水的相关规定开展工作,水利部与全国节水相关部门的权威性不够,不能有效地对违反节水规定的单位采取惩罚措施,有些情况下节水规定形同虚设,起不到关键作用。我国的流域管理制度对水市场的培育有一定的压制,阻碍水市场的建立、不能通过市场机制的有效调节将水资源优化配置,解决水资源短缺造成的问题。全民的节水意识不强,是社会的节水宣传体系不到位,节水的相关教育、相关知识的普及不到位导致的结果。农业是我国的用水大户,节水宣传、节水工程建设、节水技术普及等方面还有待加强。

第三章　水安全保障工程措施的市场机制与管理模式

第一节　水安全保障的工程措施

强化水安全保障,必须尽快完善水利基础设施,重视工程措施与非工程措施相结合,才能推进水资源的科学开发、合理调配、节约使用、高效利用,全面提升水安全保障能力。目前我国的水安全保障体系急需一批工程措施来优化水资源配置格局,包括科学论证、稳步推进一批防洪抗旱工程、重大引调水工程、河湖水系连通骨干工程和重点水源等工程建设,统筹加强中小型水利设施建设,加快构筑多水源互联互调、安全可靠的城乡区域用水保障网;因地制宜实施抗旱水源工程,加强城市应急和备用水源建设;科学开发利用地表水及各类非常规水源,严格控制地下水开采;推进江河流域系统整治,维持基本生态用水需求,增强保水储水能力。强化水安全保障还必须完善综合防洪减灾体系,加强江河湖泊治理骨干工程建设,推进大江大河大湖堤防加固、河道治理、控制性枢纽和蓄滞洪区建设。加快中小河流治理、山洪灾害防治、病险水库水闸除险加固,推进重点海堤达标建设。[①] 这些水安全保障工程措施的实施需要兴建大量的水利工程设施。

---

① 国家发展和改革委员会.中华人民共和国国民经济和社会发展第十三个五年规划纲要[N].人民日报,2016-03-18(1).

一、水安全保障中水利工程措施的特点

人类在与自然的相处过程中,掌握了若干种不同类型的应对水资源的工程措施,这些为达到除害兴利目的而修建的水利工程随着人类社会的发展与进步,由单纯的"除水害"发展为除害与兴利相结合的综合治理工程措施,更趋于完善和先进,经济效益和社会效益更为显著。通过水利工程措施保障水安全,包括人类改造和利用自然的防洪、除涝、灌溉、发电、供水、围垦、水土保持、移民、水资源保护等保障水安全的工程措施及其配套和附属工程建设。其中,洪水灾害包括河流洪水泛滥成灾,冲毁城市和工厂,淹没农村与农田,对我国经济社会发展的影响很大,是水安全保障关注的重点。

(一)水利工程措施的类型

防洪工程措施是指运用一定的水利工程措施或其他综合治理手段,具有防止或减轻洪水灾害的作用。防洪工程措施可以分为两大类:第一类是治标型工程措施,其措施在洪水发生以后设法将洪水安全排泄而减免其灾害程度,主要包括堤防工程、分洪工程、防汛抢险及河道整治工程等;第二类是治本型工程措施,包括在洪水未发生之前就地拦蓄径流的水土保持工程措施和具有调蓄洪水能力的综合利用水库等。[①]

(1)堤防工程是在河流两岸修筑堤防,进一步增加河道下泄洪水的能力,对河流两岸起到保护的作用。这种水利工程措施具有悠久的历史而被广泛采用,在现阶段仍然是防御洪灾的一种重要措施。例如我国黄河下游河段的两岸大堤及长江中游的荆江大堤等。分洪工程是在河流的适当地点修建分洪闸、泄洪道等水利工程设施,将部分洪水分往河道干流之外,起到减轻干流洪水负担的作用。例如黄河下游的北金堤分洪工程及长江中游的荆江分洪工程等。河道整治也是增加河道泄洪能力的一种工程措施,包括拓宽、疏浚河道,裁弯取直,修整过水卡口,清除河道中的障碍物以及开辟新河道等。

(2)水土保持是防治山区丘陵水土流失,消除洪水灾害的一项措施。水土保持工程分为坡面治理和沟壑治理两个方面,一般需要采用农业、林业、牧业及工程措施等综合治理。水土保持工程不但能在源头消除洪水,而且能蓄水保

---

① 肖建民.基于 Web 与 GIS 技术的黑龙江省防汛指挥信息服务子系统的设计与实现[D].大连:大连理工大学,2002.

土,有利于农业生产,是发展山区经济的一种重要措施。[①] 蓄洪工程是指通过在河流的干流和支流上兴建水库以调蓄洪水。这种措施不但可以通过水库调度控制流向下游的洪水,而且可以与发电、灌溉、供水及航运等相结合,是除害兴利、综合利用水资源的工程措施。防洪措施常常是若干措施的组合,包括治本型和治标型、工程性和非工程性的措施,通过综合治理、联合运用,尽可能减轻洪水灾害,并进一步达到除害兴利的目的。

(3)供水工程的建设可以满足生活、生产和生态用水需求,解决水资源短缺的问题。[②] 水资源短缺是指由于气象和水文情势异常,人类活动影响等综合因素造成的生活、生产和生态用水的水量和水质不能满足正常需求,影响饮水安全、经济安全和生态安全的现象。它包括自然因素导致的干旱缺水以及社会因素导致的各种缺水现象。供水工程及其配套设施建设滞后导致的供水不足,生活、生产和生态用水不能满足基本需求,称为工程性缺水。新中国成立以来,坚持不懈地加强水利基础设施建设,修建了大批的蓄水、引水、提水、调水工程和地下水开发利用工程,年供水量不断增加,城乡供水普及率和保证率大幅度提高。但由于自然条件的差异和水利建设的区域发展不均衡,全国还有不少地方的工程供水能力不足。特别是西南地区地形复杂、山高谷深,人口、耕地和城镇的分布相对分散,供水工程建设相对滞后,虽然水资源总量十分丰富,但工程性缺水的问题相当突出。例如 2015 年全国人均供水量 445m³,但云南、贵州、四川、重庆等省市的人均供水量分别为 318m³、277m³、325m³、263m³,略高于极度缺水的华北地区,但低于全国平均水平 25%～45%,其中水利工程供水能力不足是主要原因之一。此外,全国还有许多地处边远山区和经济落后地区的农村、牧区和中小城镇,也都不同程度地存在着工程性缺水问题。

(4)调水工程是解决水资源空间分布不均、优化水资源配置格局的主要手段。应优化布局和加快区域性调水工程的建设进度,并在全面规划、合理布局的前提下,继续修建一批必要的跨流域、跨区域调水工程、河湖水系连通工程,构建大跨度的水资源配置网络体系,从宏观上缓解缺水地区的干旱缺水问题。[③]

---

① 常艳.水土流失的危害及水土保持的作用研究[J].北方环境,2012,24(2):161-163.

② 刘立彬.都江堰供水区水资源配置浅析[J].四川水利,2007(6):9-15.

③ 沈建芳.跨流域调水工程协调机制研究[D].南京:河海大学,2006.

（5）蓄水工程是调节径流、解决水资源时间分布不均的主要手段，是提供抗旱用水的主要来源。目前中国的水库总库容仅为年径流量的1/5，有效库容仅占其中的一半，水资源调控能力明显不足，应坚持大、中、小、微型相结合的方针，因地制宜地修建各类水库、水塘、水窖等蓄水工程，调蓄水量，以丰补枯，增强抗旱能力。提高蓄水工程的科学调度水平，拦蓄汛末水量，供干旱季节使用。地下水开发利用具有供水可靠、开发便捷、就近利用、水质相对较好等特点，应切实加大地下水保护力度，合理控制地下水开采量，充分利用地下水库，在特殊干旱时期发挥应急水源和战略储备水源的作用。在合理配置和高效利用地表水与地下水资源的同时，充分开发利用多种水源保障水安全。[1]

（二）水利工程措施的特点

一般情况下，水利工程建设的工程量和造价较大，对国民经济的影响也较大，其在保障水安全时具有如下特点。

（1）水的作用造成水利工程的施工环境和工作条件较为复杂，水对挡水建筑物有静水压力，其值随建筑物挡水高度的加大而剧增，为此水利工程的建筑物必须有足够的稳定性。例如大坝的上下游具有水头差，可能会造成建筑物及地基内的渗流，其压力不利于建筑物稳定。在设计高水头泄水建筑物时必须做好消能和防冲的措施，特别是要注意解决高速水流可能带来的一系列问题。

（2）水利工程的设计选型具有独特性，水利工程建筑物的形式、构造和尺寸，与其地形、地质、水文等条件密切相关。由于水利工程建筑物的自然条件千差万别，一般不能采用定型设计，其设计选型往往只能按各自的具体条件进行。即使两座大坝的规模和效益大致相仿，但地质条件不同，那么它们的形式、尺寸和造价都会截然不同。

（3）水利工程的施工建造具有艰巨性。在水中建造水利工程比陆地上的土木工程施工要困难和复杂。很多水利工程建设需要解决施工导流问题，必须截断河流使江河水流按特定通道下泄，创造施工的空间不受水流干扰；建造大坝需要进行很深的地基开挖和复杂的地基处理，有时还需要水下施工；水利工程施工进度往往要和洪水赛跑，在特定的时间内完成巨大的工程量，将建筑物修筑到拦洪高程。

---

① 秦紫东.科学利用地下水资源支撑社会经济可持续发展[J].黑龙江水利科技,2006,34(6):57-58.

(4)水利工程失事会产生非常严重的后果,江河堤防或水库大坝溃决后形成的洪水,其破坏性通常远大于天然洪水。特别是水库溃坝洪水,通常具有突发性、传播快、洪峰高、洪量大、破坏性强的特点。水库溃坝会给下游带来灾难性甚至毁灭性的后果,损失极其惨重,这是国家水安全保障体系的重中之重。

二、水安全保障中水利工程措施的影响

修建水利工程,是为了控制水流,防止洪涝灾害,进行水量的调节和分配,从而满足人民生活和生产对水资源的需求,保障水安全。水利工程可以在时间上重新分配水资源,做到防洪补枯,以防止洪涝灾害和发展灌溉、发电、供水、航运等事业,也可以在空间上调配水资源,使水资源与人口和耕地资源的配置趋于合理,以缓解水资源缺乏的问题。

(一)正外部性影响

水利工程措施在保障水安全时的正外部性影响表现在以下 6 个方面。

(1)防洪工程可有效地控制上游洪水,提高河段甚至流域的防洪能力,从而有效地减免洪涝灾害带来的生态环境破坏。

(2)水力发电工程利用清洁的水能发电,与燃煤发电相比,可以少排放大量的二氧化碳、二氧化硫等有害气体,减轻酸雨、温室效应等大气危害以及燃煤开采、洗选、运输、废渣处理所导致的严重环境污染。

(3)水利工程能调节河流中下游的枯水期流量,有利于改善枯水期水质。

(4)有些水利工程可为调水工程提供水源条件。

(5)水库的建设较天然河流大大增加了水库面积与容积,可以增加养鱼空间,对渔业生产有利。

(6)水库调蓄的水量增加了农作物灌溉的面积和机会。

(二)负外部性影响

水利工程措施在保障水安全时的负外部性影响表现在以下 7 个方面。

(1)河流中的大坝建成蓄水后,上下游水文状态将发生变化,可能出现泥沙淤积、水库水质下降、淹没部分文物古迹和自然景观,还可能会改变库区及河流中下游水生生态系统的结构和功能,对一些鱼类和植物的生存和繁殖产生不利影响。

（2）水库的"沉沙池"作用使过坝的水流成为"清水"，冲刷能力加大，由于水势和含沙量的变化，可能改变下游河段的河水流向和冲积程度，造成河床被冲刷侵蚀，也可能影响到河势变化乃至河岸稳定。

（3）大面积的水库会引起小气候的变化。库区蓄水后，水域面积扩大，蒸发量上升，会造成附近地区日夜温差缩小，改变库区的气候环境，例如可能增加雾天的出现频率。

（4）兴建水库可能会增加库区地质灾害发生的频率，可能会增加库区及附近地区地震发生的频率。

（5）山区的水库由于两岸山体下部未来长期处于浸泡之中，发生山体滑坡、塌方和泥石流的概率可能会有所增加。

（6）深水库底孔下放的水，水温会较原天然状态有所变化，可能不如原来情况更适合农作物生长。

（7）水库中水化学成分改变、营养物质浓度集中导致水的异味或缺氧等，也会对生物带来不利影响。

以上水利工程在社会、经济、生态方面的影响有利有弊，兴建水利工程必须充分考虑其影响，精心研究，针对不利影响应采取有效的对策及措施，促进水利工程所在地区经济、社会和环境的协调发展。[①]

三、我国"十三五"规划的水安全保障工程措施

在经济发展进入新常态的形势下，加快重大水利工程建设，是保障国家水安全、促进结构调整和民生改善、推动区域协调发展、增加有效投资需求、保持经济稳定增长的一项重要举措。[②] "十三五"期间，国家规划了一大批水安全保障工程，包括大型灌区建设、引水调水工程、重点水源工程、江河湖泊治理工程和防洪抗旱工程。

大型灌区建设包括完成 434 处大型灌区续建配套和节水改造任务，建设嫩江尼尔基、吉林松原、四川向家坝、湖南涔天河、江西廖坊、海南红岭、河南小浪底南北岸等大型灌区工程。农田有效灌溉面积达到 10 亿亩（1 亩≈666.7 m²）以上，在东北平原、长江上中游等水土资源条件较好地区，新建一批节水型、生

---

① 沈振中.水利工程概论［M］.北京：中国水利水电出版社，2011.
② 陈雷.节约水资源 保障水安全［J］.中国水利，2015（6）：2-3.

态型灌区,把中国人的饭碗牢牢端在自己手上。大型灌区建设与农田水利基本建设工作以保障粮食安全、饮水安全、防洪安全和生态安全为目标,以提高水资源利用效率和效益为核心,以中小河流治理、水库除险加固、农村饮水安全和中低产田改造、高标准良田建设等为重点,大力推广高效节水技术,提高农业灌溉水有效利用系数,加快建成国家水安全保障支撑体系。

重点水源工程和引水调水工程可以优化水资源配置,提高水安全保障能力。我国的城市建设高速发展曾一度带来用水量突增、城市水资源紧张等问题,我国围绕城镇化和区域协调发展,加快重点水源工程和重大引调水工程建设,解决好局部地区工程性和资源性缺水问题,增强供水保障能力。许多地区都采取了外部调水的办法来解决缺水问题,如引黄济青、南水北调、引汉济渭、大连碧流河引水、沈阳大伙房引水、滇中引水等。[①]"十三五"期间,国家将建设吉林中部引松供水和西部河湖连通、引黄入冀补淀、引江济淮、陕西引汉济渭、贵州夹岩、甘肃引洮二期、云南滇中引水、青海引大济湟、内蒙古引绰济辽、福建平潭及闽江口水资源配置、湖北鄂北水资源配置等重大引调水工程并推进南水北调东中线后续工程建设,建设西藏拉洛、浙江朱溪、福建霍口、黑龙江奋斗、湖南莽山、云南阿岗等大型水库。推进安徽江巷、四川李家岩、贵州黄家湾等一批重点水源工程开工建设,强化水源战略储备,加快农村饮水安全工程建设,推进海水淡化与综合利用,着力构建布局合理、水源可靠、水质优良的供水安全保障体系。通过实施抗旱应急水源工程,加强中型水库等区域骨干水源建设等一系列工程措施来解决区域水资源短缺的难题。

实施江河湖泊治理骨干工程,综合考虑防洪、供水、航运、生态保护等要求,在继续抓好防洪薄弱环节建设的同时,加强大江大河大湖治理、控制性枢纽工程和重要蓄滞洪区建设,提高抵御洪涝灾害能力。"十三五"期间,国家将建设西江大藤峡、淮河出山店、新疆阿尔塔什等流域控制性枢纽工程;加强黑龙江、松花江、嫩江干流防洪,长江中下游河势控制,黄河下游堤防建设和上中游河道治理,新一轮治淮和治太骨干水利工程,蓄滞洪区安全建设等,加快叶尔羌河等中小河流治理,基本完成流域面积 3000km² 及以上的 244 条重要河流治理;做好黄河古贤水利枢纽、鄱阳湖水利枢纽、黄河黑山峡河段开发工程前期工作。

---

① 仇保兴.我国城市水安全现状与对策[J].城市发展研究,2013,20(12):1-11.

国家将抓好重大水利工程建设,着力完善水利基础设施体系,按照确有需要、生态安全、可以持续的原则,集中力量有序推进一批全局性、战略性节水供水重大水利工程,为经济社会持续健康发展提供坚实后盾。[①]

第二节 现行水利工程市场机制及管理模式状况

在水利工程建设和公共服务领域,政府与社会资本的合作机制根据项目合作内容、合作期限等具体情况可以表现为不同的合作运营方式。

一、BOT 模式

BOT(build-operate-transfer)模式是"建设-运营-移交"模式的简称,是指政府通过特许权协议,授权私营企业参与基础设施建设,向社会提供公共服务的一种方式。中国一般称之为"特许权",是指政府部门就某个基础设施项目与社会资本共同组建项目公司并签订特许权协议,授予签约方的企业(包括外国企业)来承担该项目的投资、融资、建设和维护,在协议规定的特许期限内,许可其融资建设和经营特定的公用基础设施,并准许其通过向用户收取费用或出售产品以清偿贷款,回收投资并赚取利润。政府对这一基础设施有监督权和调控权。特许期满,签约的社会资本方或企业将该基础设施无偿或有偿移交给政府部门。BOT 模式在我国 20 世纪 80 年代中期至 90 年代中期主要是政府与外企或私企签订特许权协议,90 年代后期主要是政府与国企签订特许权协议,成为通过吸引社会资本加快国内基础设施建设的一种手段。一般情况下,BOT 项目公司没有项目的所有权,只有建设和经营权。[②]

二、BT 模式

BT(build-transfer)模式是"建设-移交"模式的简称,是指社会资本获得政府的授权后,通过出资或贷款等融资手段为政府进行工程项目建设,在项目建

① 国家发展和改革委员会.中华人民共和国国民经济和社会发展第十三个五年规划纲要[N].人民日报,2016-03-18(1).

② 胡丽华.BOT 项目特许权期限研究[J].企业经济,2008(6):89-93.

成后移交给政府使用。一般情况下政府在 2～4 年的时间内通过向社会资本回购的方式,分期支付项目建设费用。BT 模式的项目与政府直接投资建设的不同之处是政府用于回购项目的资金往往是通过财政拨款或土地等资源补偿方式在项目建成之后支付。[①] 我国在 21 世纪初开始应用 BT 模式,并在 2010 年前后出现了大量 BT 模式的工程建设项目,但由于我国针对政府与社会资本合作 BT 模式的法律法规不够完善,项目操作不够规范,特别是很多地方政府不顾自身的财政实力不足贸然成立 BT 模式项目,最终导致负面后果。究其原因主要是为了解决政府缺钱建设基础设施的燃眉之急,由于回购能力欠缺而造成大量地方债务。另外,由于 BT 模式的社会资本方只是参与项目建造,而在建成后并未参与运营,导致很多 BT 项目没有考虑提高工程全生命周期的运营效率。综合来看,我国 BT 项目的成本比传统模式要高 10%～20%。2012 年 12 月财政部等四部委出台文件《关于制止地方政府违法违规融资行为的通知》(财预〔2012〕463 号),地方各级政府加强了融资平台公司的管理,对违法违规采用回购方式举债建设公益性项目的融资模式加以严格监管,有效遏制了地方政府性债务规模迅速膨胀的势头。[②] 文件出台后,基础设施与工程建设项目逐渐减少 BT 模式的运用。

水利工程建设项目属于基础设施或公共服务领域,本身具备公共属性。[③] 部分水利工程的产出成果可以属于政府基于公共管理职责而向人民群众提供的产品或服务。但是,出于政府行政职能转变、构建现代财政制度、控制地方债务总量、高效利用社会资金等综合性因素,对适宜由市场提供的产品或服务转由社会资本代替政府履行相关义务,将公共产品或服务的供给实现市场化提供,这种转变属于一种公共产品或服务提供方式的机制创新。当前的水利工程建设项目中,相关资金的投入形式相对单一,对地方政府造成了严重的财政负担,投资资金紧缺已经成为制约水利工程建设工作开展的一个重要问题。政府与社会资本合作的 PPP 模式可以针对性地有效解决"融资平台债务高、公共供

---

① 夏建雄,许杰.施工企业 BT 模式下的项目资金管理[J].辽宁工程技术大学学报(社会科学版),2010,12(5):491-493.

② 引自财政部等联合下发的文件《关于制止地方政府违法违规融资行为的通知》(财预〔2012〕463 号).

③ 孙艳深.我国公共基础设施供给中的政府行为分析[J].北方经济,2010(10):9-10.

给效率低、私营资本进入难"等问题,因此很多水利工程建设适宜采用 PPP 模式。

三、PPP 模式

(一)PPP 模式的定义

PPP 模式是一个综合性的概念。广义的 PPP 模式是指为提供公共产品或服务而开展的政府方与社会资本合作形式。狭义的 PPP 模式是指"设计-建造-融资-运营"的典型模式。民企依据政府制定的公共服务标准对相应的设施进行设计、建造,提供服务并负责融资和运营。①

由 PPP 模式的定义可知,PPP 模式是政府和社会资本以平等的身份进行协商并签订合同,从而达到双方共赢的目的。对于政府方而言,通过与社会资本合作,有利于加快转变政府职能,实现政企分开、政事分开,同时引入社会资本后有利于提升公共服务的供给质量和效率,实现公共利益最大化。② 对社会资本而言,通过参与具有公共服务性质的水利工程建设,有利于盘活社会存量资本,同时通过全生命周期的有效管理,实现投资、设计、建设、运营等环节的有机整合,从而降低总体成本,提高社会资本的盈利水平。

(二)PPP 模式运行的作用和意义

1.国家推进供给侧改革、实施体制机制创新的客观要求

政府通过 PPP 模式向社会资本开放基础设施和公共服务项目,可以拓宽水利工程建设融资渠道,形成多元化、可持续的资金投入机制,有利于整合社会资源、盘活社会存量资本、激发民间投资活力、拓展企业发展空间、提升经济增长动力、促进经济结构调整和转型升级。③ 推广运用 PPP 模式,既涉及理念、观念的转变,又涉及体制机制的变革。

2015 年 12 月中央经济工作会议强调,推进供给侧结构性改革是适应和引领经济发展新常态的重大创新,是适应国际金融危机发生后综合国力竞争新形势的主动选择,是适应我国经济发展新常态的必然要求。"十三五"规划建议强

---

① 石世英,叶晓甦,杜磊,等.公共项目公私合作(PPP)观念演变与研究[J].项目管理技术,2015,13(6):9-13.

② 侯霁桐.我国行政审批制度改革的行政理念研究[J].现代经济信息,2015(16):77+80.

③ 李晓雪.新形势下如何做好政府债务管理[J].柴达木开发研究,2015(2):36-37.

调,在适当扩大总需求的同时,要加强供给侧的改革,推广 PPP 模式就是公共服务、供给机制的配合,很多项目关系到重大的国计民生,是供给侧结构性改革的重要内容。在我国新一轮改革中,PPP 模式是一种以供给侧改革为主、需求拉动为辅的体制机制创新。

2. 建立现代财政制度,控制地方债体量,规范地方政府的举债方式

PPP 模式的实质是政府购买服务,而这种政府购买服务的模式涉及国家现有的财税体制改革问题,所以要深化国家财税体制、构建现代财政制度,就需要从以往单一年度的预算收支管理,逐步转向强化中长期财政规划。

推广 PPP 模式有助于化解地方政府债务,剥离地方政府融资平台的融资功能[1],进而实现市场化运作的转型,又能充分调动地方政府对债务管理及满足经济发展的刚性需求,切实防范化解财政金融风险,促进国民经济持续健康发展。[2]

3. 加速实现政府行政职能的转变

在传统的基础设施和公用事业领域,通常由各级政府承担基础设施建设和运营职责并负担相应费用,形成了政府对微观事务直接参与过多、行政效率较低及可能滋生腐败等现象。

通过采用政府与社会资本合作的 PPP 模式,使得作为社会资本的国内外企业、社会组织和中介机构承担公共服务涉及的设计、建设、投资、融资、运营和维护等职责,政府作为监督者和合作者,减少对微观事务的直接参与,加强发展战略制定、社会管理、市场监督、绩效考核等职责,有助于解决政府职能错位、越位、缺位的问题[3]。

第三节　全面推动社会资本参与水利工程建设运营

当前社会资本参与水利工程建设及运营存在一系列的问题,水利部门与项目建设运营有千丝万缕的联系,目前实行的部分项目中水利部门负责建设运

---

① 姚亚伟,王周伟,张震.中国地方政府债务风险的现状、问题及对策分析[J].金融管理研究,2014(1):90-108.

② 董坤景.我国金融风险的防范及化解[J].邯郸职业技术学院学报,2007,20(4):22-24.

③ 李荣华.对政府职能转变的思考[J].求实,2013(S1):12-14.

营，部分项目由社会资本参与的"双轨制"策略，不能完全适应当前的水安全保障发展需求，市场机制在水利建设及管理中很难发挥其作用，水利事业发展滞后的局面势必很难扭转。因此，应充分运用水价、水权、投资奖补等政策工具来吸引社会资本，以最大限度地将水利工程建设运营推向市场，尽量弱化水利工程措施的公益性职能，克服水利改革的重重困难和对资本市场的恐惧心态，促进政府与市场有机结合和两手发力，推动水安全保障体系的完善。

当前存在的问题已经引起了政府管理部门的足够重视，国务院出台的《关于创新重点领域投融资机制鼓励社会投资的指导意见》以及党的十八届三中、四中全会主要精神之一就是针对相关问题开展的应对措施。水利部门同样认识到改革融资、管理模式的紧迫性。为了建立权利平等、机会平等、规则平等的水利工程项目投资环境和合理的投资收益机制，鼓励和引导社会资本参与工程建设和运营，出台了《关于鼓励和引导社会资本参与重大水利工程建设运营的实施意见》，以期提高水利管理效率和服务水平，支撑经济社会的可持续发展。

一、社会资本的参与方式与范围

为了增加社会资本参与水利工程建设的积极性，首先应该拓宽社会资本进入水利工程建设项目的渠道和领域，给予社会资本充足的选择空间；其次应该合理确定各水利项目的参与方式、参与程序以及投资运营协议的签订细节等，可以更加有效地规范社会资本参与水利工程建设，也可以吸引更多的社会资本参与水利工程建设。

（一）拓宽社会资本进入水利工程建设项目的领域和渠道

除法律、法规限定的特殊情形外，包括重大水利工程建设运营在内的水利工程项目皆面向全社会资本开放。面向社会明确公布参与水利工程项目的各类条件，包括各类国有企业、民营企业、外商投资企业、混合所有制企业以及愿意投资重大水利工程的其他经营主体在内的各界资本，如果满足上述的各类条件，都可以公平地参与水利工程的建设和运营，如鼓励统筹城乡供水，实行水源工程、供水排水、污水处理、中水回用等一体化建设运营等。

（二）合理确定项目参与方式

对于已建设完成的水利工程，甄选部分工程采用股权转让、委托经营、整合改制等方式来吸引社会资本参与其中,缓解地方有关部门的资金压力,新获得的资金可以用于新水利工程的建设或者老旧水利工程的维护等方面,形成一种良性的资金循环链条。

对于新建的水利工程,采用政府与社会资本合作共同建设机制,大力支持社会资本参与水利工程的建设、经营。依据不同的情形和需要,区别式融入社会资本,如综合水利枢纽、大城市供水管网的建设经营等涉及民生和国家安全的工程项目需要按照规定由政府控股;公益性较强、收益较少的水利工程建设项目,可通过与经营性较强项目组合开发、按流域统一规划实施等方式,吸引社会资本参与建设、经营。

(三)规范项目建设程序

各项水利工程按照国家基本建设程序组织建设。要及时向社会发布允许社会资本参与的项目公告以及项目具体信息,按照公开、公平、公正的原则通过招标等方式择优选择投资方,明确投资经营主体。实行核准制的项目,按程序编制核准项目申请报告;实行审批制的项目,按程序编制审批项目建议书、可行性研究报告、初步设计,根据需要可适当合并简化审批环节。

(四)签订投资运营协议

社会资本参与水利工程建设运营,县级以上人民政府或其授权的有关部门应与投资经营主体通过签订合同等形式,对工程建设运营中的资产产权关系、责权利关系、建设运营标准和监管要求、收入和回报、合同解除、违约处理、争议解决等内容予以明确。政府和投资者应对项目可能产生的政策风险、商业风险、环境风险、法律风险等进行充分论证,完善合同设计,健全纠纷解决和风险防范机制。

二、提升社会资本参与程度

(一)保障社会资本合法权益

以往社会资本参与水利工程建设运营的积极性不高,除了参与渠道的限制,还有合法权利得不到有效的保障这一重要因素。社会资本投资建设或运营管理水利工程,应当与政府投资项目享有同等政策待遇,不需要另设附加条件,以从根本上保障社会资本的合法利益。社会资本投资建设或运营管理的水利工程,允许其按协议约定进行依法转让、转租、抵押等操作。明确国家对于社会资本参与水利工程建设与运营的优惠政策与待遇,提高社会资本参与的积极性;加强社会资本参与水利工程建设的决策权,增加社会资本在制定项目规划、收费环节的话语权;公益性水利工程的盈利较低,与社会资本"逐利"的本质不符,改变水利工程的运营方式,可以大大提高社会资本参与的积极性。

(二)充分发挥政府投资的引导带动作用

针对重大水利工程建设投入,原则上由政府安排规划投资,按功能、效益进行合理分摊和筹措。对于同类型项目,政府应优先考虑社会资本参与的项目。政府扮演安排使用方式和额度的角色,根据不同水利工程项目的实际情况、社会资本投资合理回报率等多方面因素来综合确定社会资本的参与形式、参与力度。项目工程的收益可按政府与社会资本的投资比率进行合理分配,政府投入形成的公益性资产部分理应归政府所有,同时公益性部分不享有水利工程项目生产经营的收益。政府可以通过认购基金份额、直接注资等多途径鼓励发展支持重大水利工程的投资基金并予以政策支撑。

(三)完善项目财政补贴管理模式

对于承担一定公益性任务、项目收入不能覆盖成本和收益,但具备良好社会效益的水利工程项目,政府可对参与到工程中的社会资本给予适当的补贴,用于工程维修养护和管护经费等方面,保障社会资本的根本利益,提高社会资本参与水利工程建设和运营的安全感。关于水利工程财政补贴的规模和方式要以项目运营绩效评估的结果为基准,再结合产品、服务的价格、工程项目的建设成本、运营费用、实际收益率、政府财政中长期承受能力等因素,最终形成一套完整的且可动态调整的补贴机制,并及时向社会公示公开。

(四)推进水权制度改革

培育和规范水权交易市场,积极探索多种形式的水权交易流转方式,鼓励开展地区间、用水户间的水权交易,允许各地通过水权交易满足新增合理用水需求,通过水权制度改革来吸引社会资本参与水资源开发利用和节约保护之中。依法取得取水权的单位或个人,如果积极调整自身产品和产业结构,采用改革工艺、节水等措施节约水资源,可在取水许可有效期和取水限额内,经批准后依法有偿转让其节约的水资源。在保障灌溉面积、灌溉保证率和农民利益的前提下,建立工农业用水水权转让机制。

(五)落实水利工程项目建设用地指标

政府部门制定的国家和各省(自治区、直辖市)土地利用年度计划要适度向水利工程建设工程倾斜,优先保障和安排水利工程建设的相关用地。项目库区(淹没区)等不改变用地性质的用地,可不占用地计划指标,但要落实耕地占补平衡。水利工程建设的征地补偿、耕地占补平衡实行与铁路等国家重大基础设施建设项目同等政策。政府要做好征地有关工作,完善水利工程建设的前期工作,尽量避免给社会资本增添不必要麻烦,最大限度地吸引社会资本。

三、明确水利工程建设运营责任主体

良好的项目工程建设和运营体系离不开完善的责任机制,不同部门和个体在享有利益和服务的同时,应当承担相应的责任,只有各个环节的责任主体重视自身的工作内容,才能够维持工程项目的良性运作。针对社会资本参与水利工程建设运营的操作过程,应当尽快完善法人治理结构,社会资本需认真履行投资经营权利和义务,参与投资和项目管理的各协作方要明确水利工程建设的责任主体,做好本职工作,这更有利于政府与社会资本合作的长效发展。

(一)完善法人治理结构

项目投资经营主体应依法完善企业法人治理结构,健全和规范企业运行管理程序、严格控制水利工程项目衍生的产品和服务质量,对项目的财务和用工等要坚决按照管理制度进行,不断升级企业经营管理和服务水平,提升员工的专业素养。政府部门应尽快改善和完善已有的水利工程项目中国有资本部分的管理授权经营的相关体制,加强国有资本的监管力度,维护国有资产的公益性、战略性,保障水利工程项目的所有功能得以实现。

(二)认真履行社会资本的投资经营权利以及义务

项目投资经营主体应严格执行基本建设程序,及时落实项目法人责任制、招标投标制、建设监理制和合同管理制,担负起对水利工程项目的质量、项目和人身安全、工程项目的建设进度以及项目投资管理的责任。已经通过招标形式获得特许经营权利的项目投资人可以依据法律自行进行项目工程的建设、生产或者提供服务,可以不需要再次进行招标程序。要建立健全质量安全管理体系和工程维修养护机制,按照项目双方签订协议中的相关内容严格执行,依法承担相应义务和履行职责,并严格服从国家的统一调配。严格执行工程建设运营管理的相关规定,保证水利工程项目的日常检测与维护的正常进行,保障水利工程设施可以有效进行并发挥相应的社会、经济效益。

四、优化监管机制和执行效率

水利工程项目的建设和管理需要具备科学而专业的设备及管理手段,在进行项目融资的早期阶段,需要把好社会企业资质关口,在项目的建设时期需要严格的达标审查,在投入运营时期同样需要对运营管理的过程进行监管以达到服务社会的目的。因此,建立一套完善的政府部门监管机制是十分必要和紧迫的。在监管机制制定的过程中,一定要本着科学合理的原则,确保水利工程项目能够在社会资本的运作下顺利发挥作用。在监管的同时也要兼顾执行效率的问题,在不违背规章制度的情况下尽量简化各个阶段的手续过程,能够快速地让社会资本获得应有经济效益等。具体从以下 4 个方面入手。

(一)加强水利工程建设项目的信息公开

社会资本参与水利工程建设程度较低的重要原因之一就是获取信息的渠道存在阻碍。规划部门、财政部门以及水利有关部门应当及时面向社会公开近期、远期的水利规划和水利产业政策;明文规范水利行业各项技术标准;实时更新水利工程建设项目的具体规模、用途、建设周期等信息;明文规定社会资本参与水利工程建设能够获得效益的领域和保障,应具体到可享有的银行贷款优惠政策,运营管理时详细的收益组成及比例等。

此外,有关的政府部门应当强化水利工程项目前期的论证、征地、移民、建设等方面的协调工作和指导作用,充分发挥水利行业相关部门的业务水平以实现资源的优化,充分利用政府的统筹协调能力来提高水利工程建设各个阶段的实施效率,为工程建设和运营创造良好条件。设立全面化、专业化的咨询平台,可以更好地进行政府与社会资本的交流沟通,面对水利工程建设和运营时的多种困难,可以提供高效率的解决方案。

(二)强化水利工程项目的审核审批及实施监管力度

社会资本参与水利工程项目,往往面临复杂而缓慢的审核审批流程,这种机制必然影响到社会资本参与水利工程建设和运营管理的积极性,因此,应尽快深化改革水利工程有关行政部门的审批制度和方式,高效优化和凝练针对社会资本参与水利工程项目的审核审批流程,必要情况下也可以开辟绿色通道进而加快审核审批进度,增强社会资本的参与意愿。地方政府部门同中央应保持高度一致,积极响应上级号召,严格执行既定的审核审批机制,协调好同上级、同民间的合作。

水行政主管部门应依法加强对工程建设运营及相关活动的监督管理,对不公平现象坚持零容忍,逐步建成水利工程建设及运营管理的信用评级体系,具体应该包括对政府部门的信用评级和针对社会企业的信用评级,依据信用等级给予合作双方以参考。制定完善的责任机制,明确每个环节、每个模块的责任主体,在前期招标阶段就要说明惩罚范围和力度,社会资本参与水利工程建设必须承担应有的风险,在工程实施和投入运营时期都要定期开展检查、验收工作,确保工程质量、安全和公益性效益的发挥。

(三)加强水利工程项目建设的后评估和绩效评价

水利工程项目前期的论证和评价是针对工程项目实施的可行性、可能获得的效益以及对环境生态等影响的评估,而后评估则是针对水利工程项目建设完结后项目实际实施的情况、项目运营状况、实际对环境的影响状况等开展评估,分析项目实际情况与当初预计情况的偏差,进而总结经验并制定提高项目投资效益的对策措施。

建立一套完善而普适的后评估体系和后评估方法,对进行社会资本参与水利工程项目进行后评价和绩效评价,有助于总结社会资本参与建设过程中的不足。针对具体的评价结果来调整价格和补贴,能够提高政府投资效益和社会资本的利益,进而激励社会资本通过管理、技术创新提高公共服务质量和水平,最终实现多赢的良性局面。

(四)加强社会资本参与水利工程建设项目的风险管控和引导

地方上各级财政部门应当充分论证自身财政承受能力,针对社会资本参与水利工程建设制定合理的财政补贴政策,在水利工程建设全生命周期内,既要保障投资者获得应有的效益,也要严格控制自身的财政比例,尽量减轻地方政府的财政负担。各级监管部门应及时跟踪、调度、梳理社会资本参与的水利工程项目实施状况,并定期报送监管情况。针对不同的水利工程项目,要鉴别其是否适合引入社会资本参与,是否适用 PPP 等投融资模式对其进行管理,各省级财政部门要对水利工程项目建立名单库,不符合社会资本参与的项目不得纳入名单库,尽量规避潜在风险。

各级地方政府要大力引导社会资本参与重大水利工程建设,做好参与水利工程建设的政策、方案和措施的宣传工作,宣传社会资本参与水利工程建设和运营管理方面对社会发展的积极作用,让社会资本能够清晰参与水利工程建设项目的建设、运营管理以及盈利模式等,引导社会资本在良好的环境下参与水利工程建设运营,营造良好的社会舆论氛围。

五、社会资本参与建设运营的具体建议

开放社会资本参与水利工程建设和运营的政策至今,虽然已经卓有成效,但弊病仍较多。无论是地方水利和财政部门还是社会资本对于参与水利工程建设和运营的兴趣都存在明显的障碍,对于如何进行合理有效的操作仍处于探索阶段。水利部门应下定改革的决心,除了个别明确规定的项目,其余水利工程项目都应该采用 PPP 模式,面向社会资本进行招标,让水利工程项目建设和运营尽可能的市场化。此外,必须明确社会资本的获利渠道和应当承担的社会责任,针对不同地区和不同的水利工程项目要有成熟的社会资本参与建设运营的操作章程和技术手段。

(一)拓宽社会资本获利途径[①]

1.提高社会资本的收益分享比例

水利项目会同时产生社会效益与经济收益,但社会资本只能分享总收益中的经济收益。为了使社会资本能够获得足够的回报率,应当提高社会资本的收益分享比例。如果项目经营是采取组建合营企业的方式,即政府与社会资本组建合营企业,实现更高收益分享比例的方法就是给予社会资本更高的持股比例。此外,特定情况下也可以采取特许经营的模式,即在特定时期内水利项目的收益全部归社会资本享有。

很多水利工程项目在运营时可以产生巨大的经济效益,如水力发电、三产供水和渔业养殖等方面。政府相关部门要统筹协调,将水力发电所获得的电力收益让出部分给社会资本;对农业、工业和生活用水的水费领域,不仅仅让社会资本获取部分水费的收益,也应当让社会资本在一定程度上参与到水权、水价的制定环节,让水权、水价具备一定程度上的市场因素。大型水利工程建设完工后形成水库,过去水利相关部门进行渔业养殖和发展旅游观光业来获得效

---

① 梁楠.社会资本参与水利项目的补偿机制研究[J].水利经济,2016,34(1):31-34.

益,如今应当让社会资本充分参与到渔业养殖和开发、维护、管理旅游观光业当中,同时允许社会资本持续稳定地获得一部分收益。

2. 信贷优惠和税收优惠

让社会资本获利的另一种思维就是降低其投资成本,其中最直接有效的方式就是针对银行贷款利息的优惠和税收方面的减免。重大水利工程项目往往投资规模巨大,所需资金往往十分庞大,有限的社会资本势必面临筹资难题。从银行贷款的金额往往十分巨大,高额的贷款利息和长周期的投资回报会击垮优秀的社会企业。因此,应在国家政策的扶持下,出台针对社会资本参与水利工程建设的专项贷款基金,配套以优惠低廉的贷款利息,较低的信贷门槛,更长的借款周期和较低的担保要求,可以更加容易地吸引社会资本投资水利工程项目。

社会资本参与到水利项目的运营管理环节中,一旦开始获得收益就涉及国家税收问题。为了提高社会资本的获益程度,政府可以通过降低税率、免税或者税收返还等方式来降低社会资本的投资成本。

3. 项目捆绑政策

很多时候水利项目的社会效益都远大于经济效益,社会资本的营利性会出现较差的情况,进而抵消社会资本参与的积极性,但是政府还掌握着其他许多营利性较好的项目,这包括涉及发电的水利工程,甚至与水利工程无关的房地产和市政领域。政府可出台有关的利好政策,规定参与过水利工程投资的社会资本再次投资其他高利益水利项目或者城市基建领域时,能够获得一定程度的优先考虑机会,或者将水利工程同其他项目工程进行合理捆绑让社会资本共同承担两个项目的建设和运营。此外,可以捆绑的不仅仅是其他项目,也可以是政府控制的各种形式的资源,如土地资源、电力资源、钢铁或者水泥等,需要明确的一点就是资源补偿机制的实施也必须建立在准确估算水利项目盈亏的基础上。

(二)明确社会资本职责所在

任何项目工程或者其他商业活动等在获得利益的同时都需要承担一定的责任,包括对项目本身的负责以及对提供的服务负责。水利工程的建设和运营具有极强的社会服务功能,关系到国家的稳定和人民群众的生命财产安全,因此水利工程建设和运营管理需要承担更大的责任。社会资本在参与水利工程建设投标时就应该明确自身的职责,政府部门的监管体系也要及时跟进。

在水利工程施工过程中要严守行业标准,社会资本不可以为了降低投资成本而偷工减料、违规操作等。项目工地的管理状况要符合制度标准,保障工作人员的权利和生命安全。政府有关部门应不定期随机检查项目进度和质量标准,在施工过程当中遇到洪涝灾害的情况时,严格听取水利有关部门和水利专家的指挥,科学应对灾害,保障工程项目顺利实施。

在水利工程运营管理阶段,需要充分发挥其社会效益,水利工程具有防洪、保障供水、水力发电、配置水资源等涉及民生的功能。依据地区气候条件和经济社会发展程度差异,往往来水条件和需水程度间存在矛盾,从社会资本角度出发则是提供的服务与逐利意愿存在矛盾。在上游来水丰沛情况下,水利工程必须拦蓄洪水以保障下游安全,但是水多则意味着可以获得更多的水力发电效益,很显然二者间存在矛盾。水利工程会供给生活用水、农业用水、工业用水以及生态用水,不同的用水方在水费方面存在差异,农业和生活用水费用显然低于工业用水费用,但是农业用水保障地区的粮食安全,生活用水保障居民的基本生存生活,这些都关系到国家安全稳定的根本和人民生命的维护、保障。生态用水更是没有任何经济利益可以获取,但是不顾及生态用水将会导致生态环境遭受破坏,带来严重的后果。如何引导社会资本在重要问题面前放弃逐利而承担起公益的职责,如何能够合理地协调多重矛盾是需要政府强行干预和控制的。

政府有关部门在应对这方面问题时,应提早备好周全的应对方案,针对不同的情况有相应的条文规定及惩处措施,对社会资本的行为进行严格的约束,设定不同用水时期的行为红线。如面临防洪防汛时,严格遵照政府部门的要求实施拦蓄和调控,不得擅自改变调度规则;在面向农业供水、生活用水和生态用水方面必须严禁逾越供水红线,无条件保障供水安全,在水价制定方面也要与政府部门共同论证和商定,不得任意涨价。在满足基本保障的基础上,再采用科学的手段调整自身的获利空间。针对低廉甚至无偿的供水行为,政府可以适当给予补贴。

水利工程效益具有长周期才能见效的特点,从签署合同时起社会资本就应当明确其特殊性和可能承担的风险,不得因为短期效益不好就无故退出资本,只允许获利而不愿承担风险。政府在制定社会资本参与水利工程建设和管理运营的制度时,要形成一套完整的社会资本退出机制。

在水利工程建设和运营管理过程中,如若因社会资本的操作不当导致严重后果,需要有明确的追责手段和力度。水利工程建设和运营关系重大,每一个环节都需要引起足够的重视和零失误,在引入社会资本的过程中必须做好充足的论证和预测各种可能出现的问题,政府要成立专门的后果评估体系和紧急应对预案,在出现事故时能够迅速做出反应,将损失降至最低,对责任负责人和负责单位进行处罚,总结出现的问题,杜绝类似问题再次发生。

(三)社会资本退出机制和后续操作

绝大多数的水利工程项目属于国有资产,社会资本参与运营管理具有一定的时间上限,很多水利工程的最终归属会回到政府手中。关于社会资本参与运营管理的期限及最终交付给国家的方式需要政府和社会资本双方共同商讨。同时,由于市场经济的周期性,社会资本随着时间的延续可能出现无以为继的局面,当其自顾不暇时势必无法继续顾及水利工程项目的职责,政府有关部门应建立健全社会资本退出机制,在严格清产核资、落实项目资产处理和建设与运行后续方案的情况下,允许社会资本退出,妥善做好项目移交接管,确保水利工程的顺利实施和持续安全运行,维护社会资本的合法权益,保证公共利益不受侵害。此外,还应考虑吸引后续的社会资本进入或者直接由水利部门回购等方案。

第四节　我国水利工程建设 PPP 模式实践总结

水利是国民经济命脉,水利工程建设是国家水安全保障体系的重要组成部分,是经济社会发展的支撑基础。我国水资源在时间和空间上分布不均匀,来水与用水不相适应,因此需要修建水利工程除害兴利,造福人类。通过深化改革,由市场机制中的供求机制、价格机制和竞争机制对水利工程建设进行有效配置,对具备一定条件的水利工程建设项目实施政府与社会资本合作的 PPP 模式,可以向社会资本开放投资渠道,建立权利平等、机会平等、规则平等的创新型投资环境和合理的投资回报机制,能够盘活社会存量资本,鼓励和引导社会资本参与水利工程建设和运营,可以优化投资结构,建立健全水利投入资金多渠道筹措机制。水利工程建设项目实施政府与社会资本合作的 PPP 模式能够引入市场竞争机制,提高水利管理效率和服务水平,寻求水利工程建设的效益与费用之比达到最优,有利于转变政府职能,促进政府与市场有机结合、两手发力,加快完善国家水安全保障体系,支撑经济社会可持续发展。

一、我国水利工程建设 PPP 模式的实施过程

（一）PPP 模式在我国运用的标志性事件

2013 年 9 月 26 日，国务院办公厅颁发实施《国务院办公厅关于政府向社会力量购买服务的指导意见》（国办发〔2013〕96 号），从政府向社会力量购买服务的重要性、总体方向、规范有序开展政府向社会力量购买服务工作等方面，规制政府与社会资本间的合作关系，国家开始从制度、机构、项目和能力建设等多方面着手推广 PPP 模式。①

2014 年 9 月 23 日，财政部颁布了《关于推广运用政府和社会资本合作模式有关问题的通知》（财金〔2014〕76 号），为拓宽城镇化建设融资渠道、促进政府职能加快转变、完善财政投入及管理方式，要求大力推广 PPP 模式；根据财政部上述通知，为保证政府和社会资本合作项目实施质量，从项目识别、准备、采购、执行、移交各环节规范 PPP 项目的操作流程，2014 年 11 月 29 日财政部印发了《政府和社会资本合作模式操作指南（试行）》。②

为了进一步拓宽水利投融资渠道，加快重大水利工程建设，提高水利管理效率和服务水平，完善国家水安全保障体系，2015 年 3 月 17 日国家发改委、财政部、水利部联合出台了《关于鼓励和引导社会资本参与重大水利工程建设运营的实施意见》，通过政府投资引导、财政补贴、价格机制、金融支持等政策措施，鼓励和引导社会资本投入、参与重大水利工程建设运营，并将推出一批吸引社会资本参与的试点项目，探索政府与社会资本合作（PPP）的机制。③

2015 年 5 月 19 日，财政部、发改委、人民银行联合出台《关于在公共服务领域推广政府和社会资本合作模式的指导意见》，经国务院同意并以（国办发〔2015〕42 号）转发，明确将 PPP 作为转变政府职能、激发市场活力、打造经济新增长点的重要改革举措，提出在能源、交通运输、水利、环境保护、农业、林业、科技、保障性安居工程、医疗卫生、养老、教育、文化等公共服务领域广泛采用政府

---

① 王培成.PPP 投融资模式：三方共赢的公共产品提供方式[J].商场现代化,2014(10):22-25.

② 高笑霜,田紫晗.基于社会治理视角的建筑业 PPP 模式推进建议[J].建筑经济,2015,36(6):25-27.

③ 田家兴.如何更好在水利工程建设中推行 PPP 模式[J].招标采购管理,2015(8):45-46.

和社会资本合作模式。[①]

(二)水利工程建设 PPP 模式研究必要性及意义

2013 年十八届三中全会进一步明确允许社会资本通过特许经营等方式参与城市基础设施投资和运营后,[②]PPP 模式迎来快速发展的阶段,但目前还存在很多问题,需要进一步研究水安全保障工程措施的市场机制与管理模式,研究水利工程建设的融资体系,研究引导社会资本投资并参与重大水利工程建设运营机制。[③] 因此,通过研究水利工程建设 PPP 模式来支撑我国水安全保障是非常必要的。

PPP 模式是一种将公共产品或服务市场化的创新型供给与管理方式,开展水利工程建设 PPP 模式的研究具有非常积极的意义,主要通过放宽市场准入,鼓励公平竞争,优化政府和市场资源配置,提高公共财政资源效率,增加公共产品服务供给和质量,实现公众、企业和政府合作共赢,是公共产品服务领域贯彻政府与市场两手发力核心精神的体制机制创新。

二、典型案例介绍

(一)南宁市那考河流域治理 PPP 项目

南宁市那考河流域治理 PPP 项目(该项目运作如图 3.1 所示)是一个集城市河道治理按绩效付费、海绵城市设施、黑臭水体整治以及国内首个竞争性磋商项目于一体的典型项目。经南宁市政府授权,南宁市城市内河管理处作为那考河流域治理 PPP 项目的实施机构,2015 年 2 月北排集团公司被确定为该项目的中选社会资本。中选后,北排集团公司与建宁水务共同组建项目公司,其中北排集团公司持股比例为 90%。项目公司组建后,各方签署 PPP 项目合同。该项目已于 2015 年 3 月 31 日开工,总投资约 11.9 亿元,合同期限为 10 年。其中建设期为 2 年,项目进入运营期以后,由政府按季定期支付流域治理服务费。

---

① 周兰萍.新常态下非经营性项目的承建模式及注意要点:兼谈 BT 模式改良[J].中国建筑装饰装修,2015(2):32-34.

② 李小汇,黄琳,张贺然.依托 PPP 模式支持新型城镇化的法律分析[J].农业发展与金融,2014(10):34-38.

③ 张旺.对目前水利投融资形势和对策的认识[J].水利发展研究,2014(10):12-15.

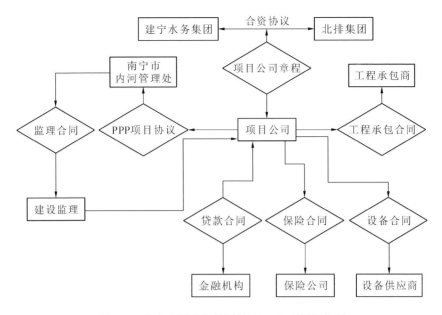

图 3.1　南宁市那考河流域治理 PPP 项目运作图

那考河流域治理 PPP 项目实现了项目从工程、技术、投资、建设、运营到最终处理效果的全生命周期整合，发挥了 PPP 模式下进行水域治理的优势。项目在运营阶段设计了"水质、水量、防洪"三大考核指标，即河道断面与污水处理水质需要达到地表Ⅳ类水，河道的补水量不低于污水量的 80%，河道行洪按 50 年一遇的洪水标准。这种按绩效付费的方式使得 PPP 模式在黑臭水体治理领域的运用方面前进了一大步，有助于推动社会资本和项目公司在运营过程中不断改进水利工程项目的管理水平。

（二）云南大理洱海水环境治理 PPP 项目

1.项目背景

经济社会发展导致洱海环境压力巨大，地方政府财力和技术有限，难以支撑大规模的环境治理工程。

洱海是白族人民的"母亲湖"，同时也是大理主要的饮用水源地。近年来，由于洱海周边人口持续增长，城镇化进程不断加快，旅游业快速发展，洱海流域产生的生活污水、垃圾和农业污染控制难度逐年加大。1996 年与 2003 年洱海曾经两次暴发大规模的蓝藻事件，导致水质急剧恶化，透明度不足 1m，严重影响了人民群众的生产生活。目前，洱海正在承受的环境压力已超过其生态环境功能定位下环境承载力数倍,主要原因是洱海上游及湖域周边的农田灌溉与畜禽养殖粪便造成的农业面源污染,占洱海污染负荷的 60% 以上。另一方面,大理近年来每年接待旅游人数超过 2000 万人次,生活污水与垃圾的不合理排放更加大了水环境治理的难度。长期以来人们对洱海资源的过度利用打破了洱海的自然生态平衡。洱海面对的不仅仅是环境污染问题,而是一个复杂的社会、经济问题。因此,洱海的保护与治理是今后较长一段时间内政府和社会各界将共同面对的一项复杂、系统而又十分艰巨的任务。[①]

"洱海清,大理兴",要治理好洱海的污染问题,首先必须找到污染源并将污染物截留处理。当地政府在经过多方测算后预估,环湖截污 PPP 工程建设的总投资要达到 34.68 亿元,其中包含 6 座污水处理厂的建设和超过 300km 的截污管渠的铺设等工程,完工后可以彻底斩断流向洱海的生产生活污水。虽然近年来当地各级政府的财政每年都安排一定的洱海流域保护专项资金,但这些资金在这么大的水环境治理工程面前无疑是杯水车薪。2013 年大理市一般公共预算收入为 25.6 亿元,2014 年为 27.5 亿元,在地方财力有限并且政府举债受限的情况下,洱海环湖截污对大理人民来说似乎成了一个望而却步的梦想。此时引入政府和社会资本合作的 PPP 模式,无疑对化解治污资金困境带来了希望。[②]

2. 项目投资

引入中国水环境集团作为社会资本方。

2015 年 10 月 11 日,作为财政部第二批 PPP 示范项目,大理洱海截污(一期)PPP 项目按照"依山就势,有缝闭合,分片收集,集中处理"的原则,正式开工建设,批复投资 45 亿元。

洱海项目的 PPP 咨询工作由上海济邦投资咨询有限公司承担。为了充分利用社会和市场的智慧,确保项目能够成功而在项目前期进行了多轮的市场测试。洱海水环境治理 PPP 项目让优秀的社会资本代替政府为社会公众提供优

---

① 寸彦中.基于洱海环境治理问题决策的思考[J].中共云南省委党校学报,2011,12(2):172-174.

② 国家发展和改革委员会.关于鼓励和引导社会资本参与重大水利工程建设运营的实施意见[J].中国水利,2015(7):1-3.

质高效的环境治理服务,体现了 PPP 模式的初衷。

在项目前期的市场测试中,有 20 余家社会资本方表达了合作意向,最终中标的社会资本方是中国水环境集团。中国水环境集团是中信产业基金旗下的水环境专业治理公司,是集设计、投融资、建设、运营为一体的全产业链、轻重资产高度融合的水环境服务专业化企业,长期专注于水环境综合治理领域,在海绵城市建设、水源地保护、供水服务、污水处理、污泥处理、中水回用等领域具有先进的管理经验。①

3. 项目实施

社会资本方帮政府节省约 6 亿元,缩短工期 6 个月。

大理洱海环湖截污(一期)PPP 项目的 6 个污水处理厂部分的合作期限为 30 年,含 3 年建设期;污水收集干渠、管网、泵站的合作期限为 18 年,含 3 年建设期。大理洱海环湖截污(一期)PPP 项目,批复投资 45 亿元,批复近期(2016—2020 年)计划投资 34.9 亿元。社会资本方中国水环境集团组织 40 余人技术团队经过历时半年的现场踏勘与调研,采集 2000 多组数据,与国内外专家和团队论证后,比项目招标金额节省了约 6 亿元,最终的 PPP 项目合同签约控制价为 29.8 亿元,节省投资 17%。

大理洱海环湖截污(一期)工程的项目采购采用了竞争性磋商方式,通过创新的磋商机制,社会资本优化了可研方案,发挥社会资本的专业优势,节省项目投资。最终的采购结果比原可研的总投资节省了约 6 亿元,充分体现出 PPP 机制的效用。节约成本会导致设计费的减少,造成设计方没有动力去采用更先进的技术来节约成本。

PPP 模式强调的是政府与社会资本风险分担、合作共赢。投资越大,政府的压力就越大,大理属于贫困地区,政府未来面临的风险也会越来越大,因此社会资本方有动力,也有责任帮助政府节省成本,降低风险,促进双方的长期合作。②

PPP 模式在市场机制下可以激励项目"节省时间"。洱海水环境治理工程迫切需要早日见到效果,作为社会资本方的中国水环境集团也主动提出将建设

---

① 沈光范.关于城市污水治理政策的思考[J].中国环保产业,2004(2):13-15.

② 王建波,刘宪宁,赵辉,等.城市轨道交通 PPP 融资模式风险分担机制研究[J].青岛理工大学学报,2011,2(2):95-100.

期缩短 6 个月,提前完工。这是因为项目越早完工投入使用,就可以越早得到项目收益。洱海沿线约 300km 的截污工程难度很大,但中国水环境集团愿意集中一切力量在保证安全与质量的前提下,力保工程提前完工,这样做的动力不仅源于对洱海水环境治理的责任感,也来自 PPP 模式的激励作用。

该 PPP 项目的回报机制为政府付费模式。经测算,针对该项目政府每年需要付费 3.81 亿～3.88 亿元,扣除大理市政府收取的洱海资源保护费(约 2.19 亿元/年)、污水处理费(约 2650 万元/年)、上级财政补助(8000 万元/年),需要大理市财政预算安排 6250 万元/年,这项支出占大理市 2014 年一般公共预算支出的 1.49%,属于可承受范围之内。为了防止不顾能力的"大干快上",财政部发布的《政府和社会资本合作项目财政承受能力论证指引》(财金〔2015〕21 号)中要求:"每一年度全部 PPP 项目需要从预算中安排的支出责任,占一般公共预算支出比例应当不超过 10%。"[1] 大理洱海水环境治理 PPP 项目属于地方政府财力可承受的范围之内,这在很大程度上可以降低社会资本的投资风险,从而保证各合作方的权益,同时也有效防止由于地方政府不规范使用 PPP 模式而过度负债。

4. 项目评价

PPP 模式用市场的力量少花钱、多办事、办好事,实现多方合作共赢。

多方共赢、风险分担、利益共享,是 PPP 模式的精华。[2] 通过采用 PPP 模式推进洱海保护,有效发挥了财政资金撬动作用,吸引更多社会资本投入洱海保护治理,让项目尽快推进,尽早见效,有力地推进了洱海水环境的保护与治理。利用 PPP 模式吸引中国水环境集团参与该项目,不但为大理解决了洱海水环境治理资金不足的问题,更重要的是带来了先进的理念和创新的技术和管理,使政府转变观念,合理定位,充分利用了市场专业力量实现少花钱、多办事、办好事,让老百姓更早、更好、更多地享受到更优质的环境,并实现多方合作共赢。仅靠当地政府的力量无法完成洱海水环境保护治理的重任,政府通过深化 PPP 改革实践,找到了一条有效利用市场力量推动创新跨越发展的有效路径。

① 财政部.财政部关于印发《政府和社会资本合作项目财政承受能力论证指引》的通知[J].中华人民共和国国务院公报,2015(20):71-74.

② 王建波,刘宪宁,赵辉,等.城市轨道交通 PPP 融资模式风险分担机制研究[J].青岛理工大学学报,2011,32(2):95-100.

PPP 模式改革是洱海水环境综合治理的助力器、转换器、加速器。

PPP 模式不仅可以解决资金不足的问题，更重要的是实现专业的人干专业的事。PPP 项目对大理州的支撑作用很大，通过社会资本投入，通过企业建设和运营，把环湖截污的理想变为现实。PPP 模式不仅只是解决政府投入资金不足的问题，更重要的是解决政府对建设、管理、运营不专业的问题。由此，政府发挥监督管理的长项，社会资本方发挥建设、运营的长项，各得其所，各尽所长，共同把这个项目做好。

采用 PPP 模式可以解决长效机制的问题。PPP 模式核心的实质是政府负责规划、政策支持、监督管理，企业负责融资、建设和运营，政府根据项目实施的成效来回购项目。最大的好处是通过这种形式来约束和监督社会资本，社会资本作为投资方，就要考虑 30 年项目的投资运营，必须保证质量，如果最后环湖截污的处理效果达不到协议的要求，政府就可以不付钱。具体到这个项目是 30 年的合作周期，也是对社会资本方建设和运营管理水平的考验，PPP 模式要求政府和社会资本双方都必须承担各自的责任，多商量、多沟通、多理解，才能够顺利推进运营。①

三、我国水利工程建设 PPP 模式实践经验与国外对比分析

从全球范围看，凡是 PPP 市场较成熟的国家，都建立了国家 PPP 中心或地方 PPP 中心作为 PPP 专门管理机构。PPP 中心利用自身专业的管理技术和人力资源，为政府提供专业的技术支持，有效解决政府在 PPP 管理上的机制性失效问题，在成功推行 PPP 模式的过程中发挥着至关重要的作用。由于各国的政治制度、法律框架、发展水平不同，导致每个国家的 PPP 中心的职能存在差异，但无论在发达国家还是在发展中国家，其主要职能包括：①提出政策建议。包括为 PPP 模式立法、筛选使用 PPP 模式的行业、选择合适的 PPP 模式、制定项目采购与实施方案、设计问题解决机制等提出专业建议。②参与项目审核。从 PPP 项目储备筛选到项目合同签署，全过程参与审核，决定项目是否适用 PPP 模式。③提供技术支持。在项目识别、评估、招标采购、合同管理等环节，为政府提供技术支持，与社会资本沟通互动。④提高政府能力。通过培训等手段提

---

① 张璐晶.为了总书记的嘱托：云南大理利用 PPP 模式治理洱海水环境纪实[J].中国经济周刊，2016(20)：16-18＋88.

高政府部门对 PPP 模式的正确认识,发展相关能力建设。⑤支持项目融资。通过代表政府发布项目信息以增强社会资本的信心,促进项目融资。⑥建立信息平台。构建 PPP 政策和项目信息平台,帮助政府推介 PPP 项目,保证信息公开透明,促进市场繁荣竞争。在 PPP 市场成熟的国家,PPP 中心的工作重心开始转向分析项目的物有所值、完善项目评估方法、帮助项目持续获得政治支持等内容,工作层面进一步深入。①

英国是 PPP 模式的发源地,1992 年首次提出私营融资计划(PFI),近年来将 PPP 模式应用得非常成功。英国并不存在综合的 PPP 法律,而是采用了标准化 PPP 合同的管理模式《标准化 PFI 合同》。② 2012 年 12 月,英国政府根据公共部门对项目的投资方式及融资来源、项目设施管理、运营及财务信息透明化、风险分配等方面的经验,发布了升级版的《标准化 PF2 合同》,政府机构以股权投资形式参与 PPP 项目公司,提高占股比例以发挥社会资本投资的能动性,同时可以降低政府可能承担的风险。《标准化 PF2 合同》从政府股权优化、增加透明度、实现物有所值监管等方面,对已有的 PFI 模式进行改革,提升了政府与社会资本合作的透明度和便捷度。

加拿大具有成熟的 PPP 市场,是 PPP 模式运用较好的国家。目前,加拿大 PPP 市场成熟规范,项目推进有力,各级采购部门经验丰富,服务效率和交易成本优势显著。1991—2013 年,加拿大启动 PPP 项目 206 个,项目总价值超过 630 亿美元,涵盖全国 10 个省,涉及水利、交通、医疗、住房、环境和军工等行业。加拿大 PPP 中心发挥了重要作用。2008 年,加拿大组建了国家层级的 PPP 中心,即加拿大 PPP 中心。该中心是一个国有公司,专门负责协助政府推广和宣传 PPP 模式,参与具体 PPP 项目开发和实施。同时,加拿大政府还设立了总额12 亿美元的"加拿大 PPP 中心基金",由该中心负责管理和使用,为 PPP 项目提供占投资额最高 25% 的资金支持。截至 2013 年第一季度,该基金已为加拿大15 个 PPP 项目提供基金支持近 8 亿美元,带动市场投资超过 33 亿美元。此外,加拿大各级政府积极制定水利基础设施规划,不断完善水利工程建设 PPP

---

① 岳喜财.国外 PPP 中心概览及在中国的运用[EB/OL].[2004-08-04].http://www.mof.gov.cn/xinwenlianbo/jilincaizhengxinxilianbo/201408/t20140804_1121960.html.

② 邹昱昙.浅析我国基础设施建设中 PPP 模式应用问题[J].商业时代,2009(24):79 +60.

项目的采购流程。①

在我国,PPP 模式并不是新鲜事物,20 世纪 80 年代以来,各地以 BOT 模式引入境内外社会资本参与基础设施建设,代表项目有深圳沙角 B 电厂、广州白天鹅宾馆、北京国际饭店等。② 2000 年至今,部分地方政府和部门就 PPP 模式进行了多种形式的探索,代表项目有国家体育场、深圳地铁四号线、杭州湾跨海大桥、青岛威立雅污水处理项目等。国内在运用 PPP 模式方面虽然进行了一些探索,但缺乏经验总结和顶层设计。我国在运用 PPP 方面的问题关键在于政府,如缺乏立法顶层设计、管理理念和能力有待提高、缺乏专门的协调管理机构、收费定价机制不透明、市场培育有待深化。

当前形势下,PPP 在我国有广阔的发展前景。从国家政策层面看,党和政府提出了要求"市场在资源配置中应发挥决定性作用""允许社会资本通过特许经营等方式参与城市基础设施投资和运营"。2015 年 3 月 17 日国家发改委、财政部、水利部联合出台了《关于鼓励和引导社会资本参与重大水利工程建设运营的实施意见》,通过政府投资引导、财政补贴、价格机制、金融支持等政策措施,鼓励和引导社会资本投入参与重大水利工程建设运营,并将推出一批吸引社会资本参与的试点项目,探索政府与社会资本合作机制,对具备一定条件的重大水利工程,通过深化改革向社会投资敞开大门,建立权利平等、机会平等、规则平等的投资环境和合理的投资收益机制。③ 从国内实际需求看,政府、公众、社会资本对运用 PPP 都有巨大需求,对新建水利工程项目,可以建立健全PPP 机制,鼓励社会资本以特许经营、参股控股等多种形式参与重大水利工程建设运营。其中的综合水利枢纽、大城市供排水管网的建设经营需按规定由官方控股。对公益性较强、没有直接收益的河湖堤防整治等水利工程建设项目,可通过与经营性较强项目组合开发、按流域统一规划实施等方式,吸引社会资本参与。这些水利工程建设从资金和服务水平方面都提出了新的要求,推动水利工程建设需要大量的建设资金,需要进一步提高公共服务效率和水平。地方政府债务压力对公共基础设施融资渠道多元化提出了要求,PPP 模式可有效减

---

① 崔丽媛.PPP 借鉴不能只是外壳 他山之石 可以攻玉[J].交通建设与管理,2015(17):52-55.

② 张宝锵,金挥宇.霍英东的创业生涯[J].物资流通研究,2000(4):39-48.

③ 沈依云.对供排水行业特许经营管理的思考[J].中国水利,2007(6):40-42.

轻地方政府的融资压力。①

四、水利工程建设 PPP 模式存在的问题

（一）水利工程建设 PPP 项目的自偿率较低,很多 PPP 项目的前期论证工作不足,缺乏水利工程建设 PPP 模式的外部性影响研究

目前,地方政府推出的很多水利工程建设 PPP 项目是无收益来源或者自身收益不足、缺口较大的项目,导致社会资本收回投资成本及获取收益的难度较大,并且在很大程度上依赖于政府方的财政补贴,如果政府方的地方财政较为紧张,就会导致这些 PPP 项目对于社会资本的吸引力下降。

政府方在水利工程建设领域推行 PPP 模式时,应当推出适宜采用 PPP 模式的水利项目,优先考虑投资规模较大、需求长期稳定、价格调整机制灵活、市场化程度较高的水利基础设施及公共服务类项目,如污水处理项目、供水收费项目。对于政府方推出的自身无收益或收益较差的项目,应确保政府财政对这些 PPP 项目有充分的财政可承受能力。水利工程建设 PPP 项目运营模式应当结合金融机构的融资要求,从“以丰补歉”的角度推行项目组合,达到项目模式与项目本身特点相匹配,实现项目自身投资与收益的平衡。

有的地方政府为了降低负债,盲目地在水利基础设施和公共服务领域推行 PPP 模式,甚至部分地方政府大搞“假 PPP”,运用 PPP 模式的水利工程建设缺少 PPP 项目的物有所值和财政承受能力等前期论证工作,甚至有的运用 PPP 模式的水利工程建设项目没有将所需财政支付或补贴金额纳入财政预算与中长期财政规划。水利工程建设周期普遍较长,没有经过前期论证的 PPP 项目、把 PPP 模式作为单纯的融资工具来降低地方政府负债的做法,无疑将使社会资本承担巨大的投资风险,这种做法也在很大程度上影响了社会资本投资 PPP 项目的信心。

为确保政府方推出的 PPP 项目能够顺利开展,项目实施机构应当客观地进行项目的可行性研究,并按照规定进行 PPP 项目的物有所值和财政承受能力论证工作。对通过物有所值和财政承受能力论证、验证工作的水利工程建设 PPP 项目,报政府审核通过后再确定采用 PPP 模式招选项目合作的社会资本,进而

---

① 国家发展和改革委员会.关于鼓励和引导社会资本参与重大水利工程建设运营的实施意见[J].中国水利,2015(7):1-3.

签署 PPP 项目合同,明确合作方的权责关系。

为了保障水安全而修建水利工程,是为了控制水流、防止洪涝灾害、进行水量的调节和分配,从而满足人民生活和生产对水资源的需要。大型水利工程往往显现出显著的社会效益和经济效益,带动地区经济发展,促进流域以至于整个区域经济社会的全面可持续发展。但是,我们注意到水利工程的建设可能会破坏河流或河段及其周围地区在天然状态下的相对平衡。特别是具有高坝大库的河川水利枢纽的建成运行,对周围的自然和社会环境都将产生重大影响。①

对水利工程建设 PPP 模式的外部性进行研究,发现在自由市场概念的市场机制下,买卖双方会根据自身的最佳利益而行动。而市场交易对第三方不利时,自由市场就不能使所有人受益。水利工程建设 PPP 模式的外部性是指市场机制下买卖双方产生的交易对第三方的影响。水利工程建设的正外部性是指水利工程建设实施的行为对他人或公共的环境利益有溢出效应,但其他经济人不必为此向带来福利的人支付任何费用,可无偿地享受福利。例如防洪抗旱工程的巨额投入。水利工程建设的负外部性是指水利工程建设实施的行为对他人或公共的环境利益有减损的效应。例如水利工程对生态环境的不利影响。在不受约束的市场机制下,企业可能只注意生产成本,而社会成本是不用支付的成本,可能会被逃避。水利工程建设 PPP 模式的正外部性处理不当会导致市场机制失灵,而负外部性处理不当也会导致市场机制失灵,所以必须加强对水利工程建设 PPP 模式的外部性影响的研究。②

(二)政府方的市场契约精神不强,对于 PPP 的认识不到位,推行 PPP 的能力不足

水利工程建设 PPP 模式是政府和社会资本就水利工程建设 PPP 项目签署 PPP 项目合同而建立的一种"风险共担,利益共享"的合作机制,强调的是水利工程建设项目全生命周期内的平等合作,并以彼此间的信任作为合作的基础。

政府方在水利工程建设 PPP 项目实施过程中,能否践行市场契约精神并兑现承诺对项目的成败至关重要。在已有的 PPP 项目案例中,出现过政府方没有按照 PPP 项目合同约定履约的情况,不但影响了社会资本投资水利工程建设

---

① 李瑛.浅析水利工程的安全施工问题[J].科技创新与应用,2015(11):190.
② 王宏江,陆桂华.水市场及水交易问题研究[J].水利水电技术,2003,34(9):69-71.

PPP 项目的积极性,而且给社会资本造成了较大的经济损失,还导致了项目合作因缺乏信赖而难以为继的局面。

水利工程建设的 PPP 模式主要是通过引入市场机制,充分发挥社会资本在项目管理过程中的优势经验,转变政府行政职能,提高项目管理效率,从而降低全生命周期成本。但是不少地方政府缺乏 PPP 的基本常识,存在只把 PPP 模式作为融资工具的现象。以公司治理为例,现有 PPP 规范文件中对于政府股权比例、政府对于项目公司的控制管理等公司治理事宜都做了政策性限制。但不少地方政府越权要求控股并在公司高等管理岗位设置的人数上占优势,造成社会资本无法发挥 PPP 模式中的项目管理经验优势和效率成本优势。

部分地方政府一系列的不规范做法,包括将 PPP 模式视作单纯的水利工程建设融资方式而减轻地方债务的工具、过分注重参与项目公司治理而忽视了水利工程建设的宏观管理、将 PPP 项目仅仅按照政府投资项目审批 PPP 项目等,很大程度上体现了地方政府推行 PPP 能力建设不足、缺乏能够操作 PPP 项目的具体管理人员、对 PPP 政策不熟悉、缺乏 PPP 项目宏观把控。地方政府推行 PPP 能力建设不足,客观上人为增加了社会资本投资 PPP 项目的难度。

水利工程建设 PPP 项目合作过程应当坚持"利益共享,风险共担"的原则,地方政府在水利工程建设 PPP 项目的策划过程中,应当及时、全面地考察社会资本的合作意愿及合作能力,端正政府投资项目中以往的强势态度。在股权合作、项目定价及调价机制、公司治理等有关项目收益的事项,应当放权给项目公司进行操作,政府方只需在绩效付费、政府监管等方面进行宏观管理即可,以建立平等的契约合作关系。

(三)社会资本方的项目融资不到位

目前,大多数的 PPP 项目融资时主要依靠银行贷款,项目公司为融资主体的情况下,银行往往要求投资人提供担保等增信措施。现实中的 PPP 项目融资主要体现为企业融资,银行对于投资人享有的是完全追索权。银行对项目还有比例不低的资本金到位要求,加上银行贷款是间接融资,融资成本较高,相对较短的贷款期限与较长的水利工程建设 PPP 全生命周期也难以有效匹配。有的项目中,银行基于项目特点对于融资模式、土地使用权等也会提出特殊要求,而政府方往往不愿或无法配合。种种融资难题,无疑加大了社会资本 PPP 项目投资的顾虑。[①]

（四）现有PPP法律框架只能对水利工程建设项目实施比较有限的保障作用

目前，国务院各部门针对水利基础设施和公共服务领域的PPP模式相继颁布了数十份文件，但是这些文件主要局限于规范性文件及部门规章，至今尚未出台统一的PPP基本法（包括法律和行政法规），对水利工程建设PPP项目实施的法律保障作用十分有限。由于水利基础设施和公共服务领域的项目具有自然垄断性质，并且PPP模式本身的全生命周期较长、投资的资金量较多、项目风险的不可预测性较大，仅仅依靠法律位阶较低的办法、通知、意见等规章和规范性文件，在法律层面的保障力度远远不够，难以有效树立社会资本的投资信心。

PPP项目的本质是政府花钱购买产品或服务，需要法律文本来规范项目，只有做到有法可依，才能保证政府与投资人双方的合法权益。我国尚未建立起统一完整的PPP法律体系。法律效力层次低、法律冲突多，比如水利工程建设PPP项目的社会资本合作方选择是适用《政府采购法》还是《招标投标法》等问题的法律规定不够清晰，导致实际操作层面无所适从，增加了项目的法律风险，阻碍了PPP项目的顺利推进。PPP模式是一种新生事物，在实际运用中还存在很多不匹配的地方，例如土地资源选择、税务选择等问题存在法律空白，甚至不同法规之间存有冲突。因此加快推进PPP法的建设是顶层设计中最关键的一环，也是PPP业务实践的迫切需要。

第五节　关于水利工程建设PPP模式实施的建议

基于目前需求和现状，建议有序推进政府与社会资本合作的PPP模式，应该着力开展以下几方面工作。

---

① 于静霞，徐新宇. 新能源企业的融资困境分析及解决途径[J].吉林工商学院学报，2013,29(6):27-30.

（一）组织工作人员参加 PPP 专业知识培训，提升政府和社会资本的 PPP 项目管理能力

PPP 模式是专业的人做专业的事。在推进水利工程建设的 PPP 模式时，建议在项目前期组织工作人员参加 PPP 专业知识培训，选择合适的合作伙伴，将 PPP 模式作为一种专业技术性的管理模式，提升政府和社会资本的 PPP 项目管理能力。

地方政府的人力、物力、财力和精力，决定了由政府亲自去进行大部分的水利基础设施建设和公共服务供给将会牺牲效率。政府及其职能部门缺乏水利专业人才和队伍，建设和运营管理水平低、投资回报率下降，使用者不满意，政府吃力不讨好。而水利工程建设的 PPP 模式，可以提前做好前期论证工作，为社会资本方设定好合理的盈利空间，把专业的事情交给专业的社会资本方来做，政府方再通过特许经营权、财政补贴，甚至是商业项目打包的方式让社会资本方获利。社会资本方能否盈利，实际上是取决于其管理水平的，社会资本方对专业理解越深、管理水平越高、成本控制能力越强，其盈利能力就越强。

从合作效果上来看，对政府方而言，PPP 模式确实在一定程度上解决了政府短期内没有财力投资水利基础设施建设和公共服务供给的问题。但对社会资本方而言，如果不能盈利，甚至如果不能够达到社会资本方设定的投资回报率，PPP 模式就没有存在的意义。资本是逐利的，没有利益驱动，做 PPP 无疑是在做公益。因此，针对水利工程建设的 PPP 模式，政府应该把精力集中到考察和确定合适的社会资本、如何就 PPP 模式合作风险分担与社会资本进行谈判、如何更好地去平衡商业利益和公共利益，不能停留在希望通过 PPP 模式延续之前的信用融资来解决水利基础设施建设和公共服务供给的思路。因此，加强 PPP 专业人员培训，提升政府和社会资本的 PPP 项目管理能力是一项重要的前期工作。

加强地方政府 PPP 能力建设是解决政府方推行 PPP 的能力不足问题的关键。首先，可以外聘专业 PPP 咨询机构，并加大前期费用支持，保障咨询机构咨询费能够及时到位；然后，加强水利工程建设 PPP 项目主管部门的人员培训，通过专题会议或研讨等形式定期组织学习 PPP 文件和政策，提升政府在水利工程建设中的 PPP 项目管理能力；第三，加大 PPP 示范项目成熟做法的推广，借鉴同类或相似项目的经验做法，提高政府方在水利工程建设的项目识别、入库、准备、采购、执行、移交等流程上的运作能力。

（二）制定水利 PPP 项目的风险分配方案，加强 PPP 模式的风险管理和项目合同管理

PPP 模式的风险分配机制是水利工程建设项目实施能否成功的关键，其核心是项目合同管理。建议政府和社会资本组织专家调研论证水利工程建设 PPP 项目的风险分配方案，进行财务测算和风险分析，从工程建设运营风险、收益风险、法律和政策风险、市场与宏观经济风险等多方面加强 PPP 模式的风险管理，从项目主体稳定性问题、政府债务问题、履约管理问题、争议解决机制等方面加强水利工程建设 PPP 模式的项目合同管理。

水利工程建设 PPP 项目的风险广泛存在于项目的整个生命周期，存在于项目识别、项目准备、项目采购、项目执行及项目移交的全过程之中。[①] 而 PPP 项目合同体系是基于合作伙伴关系建立的关系性契约集合，合同门类繁多，且各合同又具有 PPP 项目的特色与复杂性。水利工程建设 PPP 模式必须具备基于完备合同下的契约精神，要求政府和社会资本作为平等的合作方共担风险、责任和分享利益。水利工程建设 PPP 项目面临的风险主要包含不可抗力风险、工程建设风险、工程运营风险、收益风险、法律和政策风险、政府责任风险、市场与宏观经济风险。PPP 项目合同管理需要注意项目主体稳定性、政府债务、履约管理、争议解决机制 4 个方面的问题。

财政部《关于印发政府和社会资本合作模式操作指南（试行）的通知》（财金〔2014〕113 号）和《关于规范政府和社会资本合作合同管理工作的通知》（财金〔2014〕156 号）两份文件对 PPP 项目的风险分配原则做了明确规定。[②]

1. PPP 项目全生命周期范围内可能发生的重要风险类别

（1）不可抗力风险。指合同双方无法控制的风险，包括自然灾害、战争、政治和社会不可抗力风险。一般情况下，不可抗力风险由政府与社会资本双方共同承担。

（2）工程建设风险。包括融资风险、土地拆迁风险、设计不当与设计变更风险、施工技术风险、分包违约风险、工程质量风险、工期延误风险、施工安全风险、环境破坏风险、地质条件风险等。项目融资风险最主要的表现形式是融资

---

① 戴建汀.试论民营企业建设单位工程项目主管[J].新西部（下旬·理论版），2011（8）：94-95.

② 王艺静.财政部：PPP 项目要"按合同办事"[J].中国勘察设计，2015（2）：16.

困难,如逾期未能完成融资可能导致中标资格被取消等后果。一般建设风险主要由社会资本方承担,政府方承担土地拆迁风险,工程地质风险由双方共同承担。

(3)工程运营风险。包括运营成本超支、管理水平和能力缺陷受损风险、维护不力风险、劳动争议、移交缺陷等风险,一般由社会资本方承担。

(4)收益风险。包括收费不足、项目竞价、价格调整、政府补贴变动、项目公司破产、政府文件冲突等风险。收费不足风险指项目运营后的收费不能收回投资或不能达到预定水平的风险,收费价格调整风险是指因 PPP 产品或服务的收费不科学导致收入不能达到预期的风险。政府付费的 PPP 项目由政府方承担,使用者付费的 PPP 项目由社会资本方承担,缺口补贴的 PPP 项目由双方共同承担。

(5)法律和政策风险。主要是基于法律体系不完善或政策法规变更所带来的风险,主要包括法律及监管体系不完善,法律变更风险,民事、行政、刑事责任风险。目前我国水利工程建设 PPP 项目还在起步阶段,现有的 PPP 立法存在层次较低、效力较差、相互之间存在某些冲突、可操作性差、部门利益之争等问题,由于执行、颁布、修订、法律解释及政策改变等导致项目的合法性、市场需求、收费及合同的有效性发生变化,给项目带来潜在风险。同时项目中还会存在不法行为所导致的法律风险,比如环境污染、滥用职权、安全事故等。一般情况下,项目所在地政府可控的法律和政策风险由政府方承担,超出可控范围由双方共同承担。

(6)政府责任风险。包括审批延误风险、政策决策失误风险、公众反对风险以及其他责任风险。审批延误风险,主要指由于水利工程建设项目的审批程序过于复杂导致立项周期过长和项目成本过高,以及批准后的商业调整困难;政策决策失误风险指政府因信息不对称、缺乏经验、决策程序不规范等导致的决策失误风险;公众反对风险是指社会公众因利益无法保障而反对项目建设所造成的问题;同时还要考虑政府不履行合同引发的风险以及政府官员腐败导致的成本上升增加政府在将来的违约风险。一般情况下,政府责任风险由政府方承担。

(7)市场与宏观经济风险。包括市场利率变动的不确定性、外汇汇率变化和兑换风险、物价上升或货币购买力下降等导致的风险。同时还要考虑因经济环境、社会环境等的变化而导致市场需求变化所带来的风险。一般情况下,一定范围内的市场与宏观经济风险由社会投资方承担,超出范围的市场与宏观经济风险由双方共同承担。

在完成全部重要风险的识别后,应对各种风险在政府方和社会资本方之间进行最优分配,各方的风险管理能力由其降低风险发生概率、最小化风险发生后果的能力来衡量。但它并非风险分配时所考虑的唯一因素。风险分配应考虑的因素:①项目的性质;②各方对风险管理的优势和能力,这可能随时间和风险应对技术的发展而发生变化;③以往项目的风险转移水平,体现了各方管理特定风险的历史表现和未来管理该风险的潜在能力、市场对风险的普遍态度、公共利益因素等。

为保障水安全而进行的工程措施,通过 PPP 模式进行水利工程建设,项目参与方通过签署一系列的书面合同来确定各参与方的权利义务关系,形成水利工程建设 PPP 项目合同体系。水利工程建设 PPP 项目合同体系一般包括《PPP 项目合同》《股东协议及合资经营协议》《贷款合同》《运营服务合同》《产品或服务购买合同》《保险合同》等。其中《PPP 项目合同》是水利工程建设 PPP 项目合同体系的基础和核心,是由项目实施机构与中选社会资本及其组建的项目公司就水利工程建设及公共服务类项目签订的具有法律约束力的文件。中选社会资本及其组建的项目公司通过签署《PPP 项目合同》而在一定期间及特定区域内享有排他性的运营、维护等并依法收取费用的权利。

2. 水利工程建设 PPP 模式的项目合同管理一般需要注意的问题

(1)项目主体稳定性问题。政府与社会资本作为水利工程建设项目的合作主体,因建设周期与监管问题、市场风险与不可抗力因素等导致履约主体的变更或者退出,在项目合同管理方面必须明确的约定项目主体稳定性及其相关问题。

(2)政府债务问题。很多水利工程建设 PPP 项目包含有政府方对社会资本方的长期付费承诺以及因分担项目风险而产生的担保责任,虽然政府财政预算机制与政府资产负债管控措施日渐完善,但在债务监管方面仍存在漏洞。因此,水利工程建设 PPP 项目合同中应当对政府方的实际履约能力做出明确的可执行的操作模式。

(3)履约管理问题。一方面,由于水利工程建设 PPP 模式在项目履约阶段,社会资本方缺乏有效竞争以及受到资源和专业技能的约束,政府方对社会资本方的履约监管难以有效进行;另一方面,由于缺乏有效的争议解决机制,社会资本方在面对政府方履约情况不佳的情况下,难以采取有效措施维护自身权益。双方的履约管理问题必须在前期的项目合同拟定期间予以明确表达,形成法律约束效应。

(4)争议解决机制问题。水利工程建设 PPP 模式是一种提高政府对整个社会资源管理效率的方式,水利工程建设 PPP 项目合同内容的可执行性、项目实施的可控性、财物核算与纠纷解决非常重要,争议解决机制是否有效甚至决定了项目运作的成败关键。由于 PPP 项目涉及的参与方众多、利益关系复杂、项目期限较长,因此在 PPP 项目所涉合同中,通常都会规定争议解决条款,就如何解决各方在合同签订后可能产生的合同纠纷进行明确的规定。①

(三)必须规范 PPP 项目社会资本方取得回报的资金来源,由专业咨询机构综合选定适合的投资回报机制

维护社会资本的合法权益,形成稳定的社会资本投资回报机制,是 PPP 模式能否在水利工程建设领域广泛推广的关键。建议政府在设计水利工程建设 PPP 项目的投资回报机制时,必须在使用者付费、可行性缺口补助和政府付费等支付方式中规范社会资本方取得回报的资金来源。由专业咨询机构在项目前期根据具体的水利工程 PPP 项目是否具有向使用者收费的基础、项目服务对象、服务对象的支付能力等因素,综合选定适合的投资回报机制。

对于政府推出的 PPP 项目,最大的担心应该是社会资本会不会响应并接受这些项目,并积极参与到建设中去。国务院各部委推出的 PPP 项目具有较强的吸引力,关键要看项目所在地的政府方如何与社会资本方交流与沟通,如何为社会资本方提供服务,找到双方的利益切合点。资本是逐利的,PPP 项目必须让社会资本看到能够获利的希望。没有足够的利益回报,是不可能接受 PPP 合作模式的。政府应当在不违背原则、不脱离实际、不暗箱操作的情况下,做出更多让步,让社会资本得到更多利益,要让社会资本能够看到获利的希望,才能实

---

① 王春梅.试论水利工程施工合同管理的突出问题及对策分析[J].科技与企业,2014(6):15.

现"双赢"。[1]

项目回报机制主要说明社会资本取得投资回报的资金来源,一般包括使用者付费、可行性缺口补助和政府付费等支付方式。使用者付费是指由最终消费用户直接付费购买公共产品和服务。使用者付费通常用于可经营性系数较高、财务效益良好、直接向终端用户提供服务的基础设施和公共服务项目,例如市政供水。政府付费是指政府直接付费购买公共产品和服务,主要包括可用性付费、使用量付费、绩效付费。[2] 政府付费通常用于不直接向终端用户提供服务的终端型基础设施项目,例如市政污水处理厂;或者不具备收益性的基础设施项目,例如河道综合治理等。可行性缺口补助是指使用者付费不能够满足社会资本或项目公司成本回收和合理回报,而由政府以财政补贴、股本投入、优惠贷款和其他优惠政策的形式,给予社会资本或项目公司的经济补助。可行性缺口补助通常用于可经营性系数较低、财务效益欠佳、直接向终端用户提供服务但收费无法覆盖投资和运营回报的水利基础设施项目,例如江河湖泊治理工程、灌区工程、农业节水工程等。

水利工程建设 PPP 模式对政府是一种创新的公共产品服务供给管理方式,对于社会资本是一种商业行为、一个新的公共产品服务市场。这就要求政府要尊重市场规律、依法行政、诚信践约。提高民营资本参与水利工程建设 PPP 项目的积极性:①创造一个各种社会资本公平竞争的市场环境;②要加强顶层设计,建立一个规范、明确、可预期的回报机制,比如政府的支付责任纳入财政预算管理,建立规范的定价调价机制等;③要尊重合同的权威性,加强合同司法救济执行力,政府要带头遵法履约。

如何保证社会资本取得合理回报,必须站在公益性与市场化相结合的角度思考问题。水利工程建设 PPP 模式必须坚持合作共赢、风险分担、资本合理收益的原则:①市场能够平衡的项目交给市场做;②市场平衡不了的项目可通过价格调整或政府采购去平衡;③对一些投资量很大而保证不了基本合理收益的项目,政府可以用资源组合配置的方式来平衡。

针对政府方信用度低的现状,可以构建起完善的信用体系,培养政府方的

① 陈乃新,黄婷.以资本逐利方式转变带动经济发展方式转变之经济法对策研究[J]. 湘潭大学学报(哲学社会科学版),2012,36(6):26-29.

② 刘运华.PPP 投资与建设模式下会计问题研究[J].国际商务财会,2015(5):39-42.

契约精神和法治意识。目前,可以采取由 PPP 项目所在地的上级政府或中央部委层面建立 PPP 项目失信公示平台,对地方政府没有按照 PPP 项目合同约定履约等失信行为进行公示,督促地方政府守约。另外,应当尽早研究并落实上级财政对下级财政的结算扣款机制,对失信的地方政府进行实实在在的经济处罚,降低地方政府违约的风险。①

(四)加快推进 PPP 模式立法工作,建立一套完整的 PPP 法律体系

建议水利部组织专家调研,抓紧时间出台具体的水利工程建设 PPP 模式实施指导意见等相关配套政策措施,制定水利工程建设 PPP 模式的信息公开制度和信誉评定机制,在吸引社会资本的同时保护政府的正当利益,建立一套完整的 PPP 法律体系,用法律来扫清 PPP 项目发展的障碍。

目前我国关于水利工程建设 PPP 模式的相关法规,主要来自国务院及各部门制定的管理办法,以及各地政府根据各地实际情况制定的相应管理办法。这些办法虽然对水利工程建设 PPP 项目的实施有一定的帮助,但仍然不足以支持 PPP 项目的长期的可持续发展。在水利工程建设 PPP 项目中,研究政府方与社会资本方保障自己权益的方案,法律或许是捍卫自己利益最可靠的方式。目前我国发展水利工程建设 PPP 模式最大的瓶颈就是相关的法律政策不完善。我国水利工程建设 PPP 模式还在起步阶段,现有的 PPP 立法存在层次较低、效力较差、相互之间存在某些冲突、可操作性差、部门利益之争等问题,由于执行、颁布、修订、法律解释及政策改变等导致项目的合法性、市场需求、收费及合同的有效性发生变化,给项目带来潜在风险。②

为了在吸引社会资本的同时保护政府的正当利益,通过分析微观经济学中的信息不完全性,可以制定信息公开制度和信誉评定机制进行信息调控。在现实的水利工程建设 PPP 项目流程中,常常存在着信息的不完全和不对称问题。③ 在这种情况下,市场机制的作用受到了很大的限制。市场机制本身只能够解决一部分信息不足的问题。因此需要政府在信息方面进行调控,以保证政

---

① 徐殿秀.论诚信政府的构建[J].沈阳教育学院学报,2011,13(6):88-91.

② 向鹏成,任宏,郭峰.信息不对称理论及其在工程项目管理中的应用[J].重庆建筑大学学报,2006,28(1):119-122.

③ 马林.信息不对称理论在工程项目管理中的应用[J].环渤海经济瞭望,2008(7):60-62.

府和社会资本都能够得到充分和正确的信息,以便做出正确的选择。通过制定信息公开的制度,在大多数情况下能让市场顺利运作。例如水利工程建设 PPP 项目合同可以要求企业公开某些财务信息并接受外部审计和查账。通过一系列制度要求 PPP 项目的信息公开,尤其是采购前后及采购过程的信息公开。通过市场机制本身来解决信息不完全和不对称问题的另外一个方法是建立"信誉机制"。这可以看成是政府对社会资本行为的一种主观评价,当政府与社会资本双方的关系相对固定时,信誉机制比较容易建立。

(五)建议我国政府探索发行水安全保障 PPP 债券的可行性试点工作

为了保障水利工程建设的 PPP 项目顺利融资,建议探索发行水安全保障 PPP 债券的试点工作,通过试点及时总结经验并加强宣传推广,发挥好示范带动作用,为进一步完善相关机制提供实践依据。[1]

政府和社会资本通过组建项目公司,确定运营模式和融资方案,水利工程建设 PPP 项目的资金来源必须作为项目决策前的重点安排,而金融机构的具体要求又关系到政府与社会资本的 PPP 具体合作方案。因此,水利工程建设 PPP 项目公司应在项目前期邀请金融机构尽早参与到项目中来,结合金融机构的专业意见,合理确定 PPP 合作模式,为水利工程建设项目设计融资方案。社会资本方应当尽快转变单一依赖银行贷款的融资思维,积极创新融资方式,拓宽融资渠道,降低融资风险,借助资本力量更好地参与水利工程建设 PPP 项目。通过与资本市场合作,不但可以规范水利工程企业的公司治理,而且可以扩大企业的知名度和影响力。针对水利行业各个方面工程的不同性质和不同环节,明确政府与社会资本方的主体责任,充分调动各方的积极性,保障水安全提供资金的同时,更好地加快构建多元化的融资体系,以保障水利工程建设 PPP 项目的顺利实施。

社会资本方应充分利用现行水利工程建设 PPP 项目融资政策,设法取得与项目投资周期期限更匹配、利率更优惠、担保要求更宽松的债务融资资金,在水利重点建设项目上积极争取国家开发银行的政策性贷款,还应充分了解各类创新融资工具的特点和发行条件,通过不同融资工具的合理运用和有效组合,降低融资风险和融资成本。另外,政府方应当在社会资本融资过程中给予充分支

---

[1] 郭实,周林.PPP 模式下项目收益类债券的运作与展望[J].债券,2015(6):13-17.

持,积极协助降低社会资本融资成本和融资风险。水利工程建设 PPP 项目可以通过发行水安全保障债券、利用土地出让收益等方式,多方筹集资金,在政府资金的引导下吸引社会资本的投入,鼓励与引导银行信贷、融资租赁公司等金融机构资金加强对水利工程建设 PPP 项目的投入。

PPP 项目公司可利用发行水安全保障 PPP 债券和项目公司股票的方式进行融资。发行水安全保障 PPP 债券是 PPP 项目公司融资的一种方式,不是向银行借钱,而是向债券买家借。债券买家可能是个人或组织,例如退休基金或投资公司。PPP 项目公司只有在相信水利工程建设的 PPP 项目投资报酬够高,付得起利息且仍有利润时,才会向资本市场借钱。债券所付的利率是根据风险而变动的。项目公司股票也是水利工程建设 PPP 项目公司融资的一种方式,公司股票基本上是把公司的一部分所有权卖给股票持有人。如果 PPP 项目公司把利润变成股利支付,那么股东就能根据持有股票的比例获得股利。股票不像债券有预先决定的利率,无法保证股票持有人会获得固定利息或报酬。

(六)建议制定水利工程建设 PPP 模式的实施计划

到 2020 年,政府完善政策环境,推动示范项目建设试点,测试 PPP 综合信息平台,加快推进 PPP 立法工作,明确社会资本合理回报机制,健全 PPP 模式风险分配机制,建立 PPP 项目流程中的信息公开制度和信誉评定机制,建立政府职能转变的创新型管理体制。到 2025 年,面向全国所有的 PPP 项目建立完整的 PPP 法律体系,建立成熟的国家 PPP 综合信息平台进行全国统一的 PPP 网上监管和信息发布,建立完善的 PPP 融资支持基金为 PPP 项目融资,进一步促进 PPP 项目融资的便利性。到 2030 年,完成中国水利工程建设 PPP 改革的最终目标,建立一个全国统一的、科学的、规范的、透明的水利工程建设 PPP 大市场。

第四章 水安全保障非工程措施的市场机制与管理模式

第一节 水安全保障的非工程措施

水安全保障的非工程措施是指通过法律手段、行政手段、经济手段、市场机制以及管理模式等保障水安全的措施。水安全保障的非工程措施投资小、见效快,还能为水利工程措施充分发挥效益提供支撑或保障。随着经济社会的发展,水利基础设施等工程建设日趋完善,而高效的管理模式、规章制度、法律机制等水安全保障的非工程措施却依然滞后于工程措施的发展,只有强化水安全保障的非工程措施管理模式的建设,才能加快国家水安全保障体系构建的步伐。因此必须将水安全保障的工程措施和非工程措施有机结合起来,不但要把水利基础设施建设好,还要将用于保障水安全的水利工程管理好,这对于顺利实现区域水安全的目标十分重要。我国的基本国情表明,水安全保障的非工程措施在水安全保障体系中有着重要的特殊作用。建立工程措施和非工程措施相结合的国家水安全保障体系,加强非工程措施的水安全保障能力建设,是完善中国现有水安全保障体系的切入点,是国家水安全保障面临的重大和迫切的任务。

一、创新政府行政管理模式保障水安全

目前我国的水安全保障缺乏权威、高效、统一的综合管理体制,水利部门以水量为基础,主要负责水利工程设施的规划建设管理,环保部门主要负责

管理水质,城建部门负责城市饮用水的供水管网规划建设,农业和工业部门重视取水用水,却不重视排水和废污水处理,这种各自为政的管理模式可能会造成水资源利用的"公地悲剧"。① 水安全保障需要实行流域统一管理与行政区域协同管理相结合的模式,才能缓解经济社会发展、生态环境需求与水资源短缺之间的矛盾,符合水安全管理体制的发展方向。如果政府对水安全保障的综合管理能力不足,再加上水资源利用效率不高、有效产业政策缺乏、经济结构调整滞后、市场机制不能很好发挥作用,将会造成水资源的过度开发和无序利用。② 流域水安全保障的法律制度不健全,缺乏有效的监督机制、评价机制和保障机制,导致地方政府争相利用水资源而不愿承担水资源开发造成的不利生态环境影响的责任,区域地表水与地下水、生产用水与生态需水很难实现统一规划和统一调配,也就很难实现水资源的优化配置和科学管理。此外,现有的流域管理法律法规权威性不高,执法不严,间接导致区域水环境和水生态的严重破坏。

水安全保障的流域统一管理与行政区域协同管理的政府管理模式,是从流域水安全、水资源、水环境、水生态与各种用水需求及其利益相关者之间的关系出发,以生态水文科学和流域健康理论为指导依据,对流域内的水量、水质、水生态、水环境、经济和社会活动等一切水安全因素进行统一管理。其目的在于促进流域内水资源的高效配置和合理利用,最大限度地减少对流域生态系统结构及生态服务功能的损害,更好地将流域水资源的开发、分配、消费以及污水处理和再循环利用等关键环节以水安全保障产业链的形式连接起来,按照循环经济原理进行系统整合管理。有 2 种管理模式:①以行政区划为基本单元的水安全行政区域管理,由各级政府及相关职能部门对辖区内所有的水安全保障事务实行统一管理;②以流域为单元的水安全流域管理,按照自然水系由专门机构对水资源的开发、分配、利用及其保护等一系列水安全保障事务进行统一管理。这两种管理模式实质上是我国水安全保障管理的两个不同层面,彼此各有侧重。行政区域管理模式主要趋向于水安全的社会属性管理,能较好地保持社会水循环的系统整体性,但往往会破坏水安全系统的流域整体性。流域管理模式趋向于水安全的自然属性管理,能较好地维护水安全系统的流域整体性,使流

---

① 李启家,姚似锦.流域管理体制的构建与运行[J].环境保护,2002(10):8-11.

② 王彬,但德忠,何通国.水资源优化配置思路研究[J].科技资讯,2012(21):117.

域的水资源得到有效的利用,确保流域水资源的整体生态功能,充分发挥流域水资源的经济效益和社会效益。[1]

为了保障水安全,按照流域统一管理与行政区域协同管理的思路建立的管理制度包括:流域综合规划制度、取水许可制度、水量分配和水量调度制度、河道管理范围内建设项目审批制度、边界水事纠纷调解处理制度。[2] 建立健全的并严格实施以上相关内容的制度是实施流域统一管理与行政区域协同管理的水安全保障管理模式的重要内容。这些制度的实施强化了各级水行政主管部门对水安全的管理,有效地保障了经济社会发展对水资源的基本需求。事实上,我国在流域统一管理与行政区域协同管理的水安全保障管理体制和模式方面已经积累了大量的实践经验。近些年来,南水北调中线工程、太湖流域水环境综合治理、黑河下游生态输水等一系列显著成果都是在流域统一管理与行政区域协同管理思想的指导下取得的。流域管理机构和各级水行政主管部门必须在实践中总结经验,流域管理机构作为流域统一管理和水资源开发的主体,行政区域的水安全保障管理应服从流域统一管理或者通过流域管理机构进行协调。

流域统一管理与行政区域协同管理的政府管理模式,以国家对水安全保障的统一管理与地方行政区域的分级管理为基础,流域管理机构行使法律法规和国务院水行政主管部门授予的水安全保障管理和监督的职责,县级以上地方水行政主管部门按规定的权限负责本行政区域内水安全的管理和监督工作,合理把握流域管理与行政区域管理的结合点是水安全保障管理模式的关键。[3]

流域水安全必须依据要素一体化和功能一体化的管理模式,建立权威、统一、高效的流域水安全保障的管理组织机构,来统一管理流域内的水资源和水环境的安全,合理规划流域水安全要素的开发、利用和保护,以实现水资源与经

---

① 李锋瑞,刘七军.我国流域水资源管理模式理论创新初探[J].中国人口·资源与环境,2009,19(6):55-59.

② 杜榜清,杨岗民,赵平.如何建立流域管理与行政区域管理相结合的水行政管理机制[J].水利发展研究,2005(5):16-18.

③ 高而坤.谈流域管理与行政区域管理相结合的水资源管理体制[J].水利发展研究,2004(4):14-19+24.

济社会在流域内的协调发展。① 流域水安全保障的组织管理机构还要按照有关法律法规的授权,对流域内水利工程建设运行和流域内水资源进行统一调度、指挥和管理,负责制定符合流域内实际情况的水安全保障法规体系,制定流域水安全发展战略和中长期规划,监督流域内的地方性水事法规、地方性政府规章制度在流域内的贯彻落实情况,组织流域内水安全评价,拟定流域内各行政区域的供水需水计划和水量分配方案,组织、协调、仲裁流域内的水事纠纷。流域水安全保障的管理组织机构与地方政府的职能部门不是隶属关系,而是协作关系,政府各相关职能部门在各自的行政区域内行使相应的管理职权,在保障水安全的基础上,确保区域水资源实现生态经济社会复合效益的最大化。因此,流域水安全保障的管理组织机构进行水安全的宏观管理,地方部门进行具体的开发、利用、保护工作,不仅要实现水资源的统一配置,又要明确地方政府的责任。

水安全保障的流域统一管理与行政区域协同管理是一种新型的现代水安全保障管理模式,能够较好地适应流域水资源的自然循环转化规律及经济社会可持续发展的内在要求,有利于统筹考虑流域水安全系统内各个利益相关者的用水需求以及对利益受损群体进行经济补偿;有利于实现非水源区对水源区的生态补偿;有利于促进流域水资源的优化配置和高效利用;有利于充分发挥流域水安全系统的整体安全服务功能,实现流域水资源、生态环境及经济社会的协调与可持续发展。与传统的水安全管理模式相比,流域统一管理与行政区域协同管理将流域当作一个整体来规划、治理、开发、利用和保护,强调流域与区域、局部与整体的辩证统一,强调人类社会系统与自然系统的和谐统一。流域统一管理与行政区域协同管理的目标是要实现水安全保障的社会公平性、经济高效性和环境可持续性。因此,政府应将流域统一管理与行政区域协同管理作为我国水安全保障管理模式的未来发展方向。②

二、建立市场机制下的水价管理制度保障水安全

引入市场竞争机制是提高水资源利用效率和有效控制供水成本的必要手

---

① 胡蝶,肖雪,程晖.长江流域水法规体系建设之浅见[J].水利水电快报,2014,35(11):17-19+23.

② 李锋瑞,刘七军.我国流域水资源管理模式理论创新初探[J].中国人口·资源与环境,2009,19(6):55-59.

段。水资源具有公共物品的属性,又是关系到国计民生的重要战略性资源,政府必须起到宏观调控的作用,从供水水源到用水终端全过程中的不同阶段执行不同的水价调控方式,准确区分政府监管与市场机制的责任,建立合理的水价调控机制。城市供水、污水处理、水利工程建设等行业应该打破垄断,加快市场化进程,引入竞争机制,鼓励水资源相关企业在竞争中降低供水成本。[①]

目前的水资源管理部门仍然存在着职能交叉的现象,为了更加有效地建设以全成本核算为基础的差别化水价形成机制,必须继续进行水资源一体化管理模式的深化改革,确立由水资源一个部门主导,将水源建设保护、供水、配水、节约用水、污水处理和中水回用等水资源开发、利用、保护全过程实行一体化的管理模式,其他的有关部门承担监督检查的行政职能,将地表水与地下水作为一个整体的管理对象,将水量管理与水质管理组合起来,这样能够从根本上解决水资源管理职能交叉的问题,能够落实用水安全的责任所在,为水价形成机制的改革和实践提供有力的保障。

制定合理的水价能够提高水资源的利用效率。合理的水价是提高水资源配置水平的重要手段,也是保障水安全和水资源可持续利用的重要方法。我国的水资源总量是有限的,具有客观存在性,针对我国淡水资源短缺的实际情况,水价政策的制定必须要注重水资源的可持续利用。通过水价制度的深化改革,鼓励对水资源的循环使用和高效配置,切实提高水资源的利用效率。[②]

制定合理的水价需要考虑用水者的承受能力。水资源是人类生存必不可少的生活资料,与人民群众的生产生活息息相关,是经济社会发展无可替代的物质基础。制定的水价是否合理会对国家的经济社会发展和人民生活水平产生全方位的影响。因此,制定水价必须充分考虑用水者的承受能力,尤其要考虑农业用水、居民生活用水和需要鼓励发展的行业用水等用水者的承受能力。制定的水价政策必须能够保障人民生活和生产的基本用水安全。

水价制定必须体现差异化的原则,需要保障供水的成本和适当的利润。我国水资源时空分布不均,南北差异较大。不同的行业在用水方式和用水效率上存在着较大的差异,在水价改革中需要充分体现。水价包括成本和适当的利润,适当的利润是供水企业的重要收入来源,能够保障水资源相关企业在长期

---

① 张亮.加快经济发展方式转变的水价政策研究[J].调研世界,2012(10):57-61.

② 王治.关于建立水权转让制度的思考[J].中国水利,2003(13):13-15.

运营中的可持续发展。我国的水价偏低,使供水企业难以取得适当的利润,甚至以低于成本的价格供水,从而使得我国的供水行业长期处于亏损的状况,影响供水设施的维护,难以提高供水行业的服务质量。因此,我国政府在制定水价政策时必须充分考虑供水工程的全过程成本的回收,保障水资源相关企业有能力回收水利工程的投资建设管理费用,有足够的资金来维护管理供水设施的运行和设备的更新。①

三、完善市场机制下的水权交易制度保障水安全

很久以来,人们只把水资源当作一种生产或生活消耗性的原材料,长期实行国有国营制度,用计划经济手段压低水资源的价格,一直以来无偿或低价利用,导致水资源价格机制扭曲,严重低估水资源的价值。这种制度安排的直接后果必然是资源配置的不合理,资源浪费不足惜,水环境污染不足惧,水资源利用效率无法提高,难免陷入"公地悲剧"的恶性后果。②

水是基础性资源、战略性资源,在经济社会生活中不可替代。水资源符合资产的三个特征。首先,水资源十分稀缺。全球淡水资源的储量十分有限,真正能够被人类直接利用的淡水资源仅占全球总水量的极少部分。其次,水资源具有生活资料和生产资料的双重属性:一方面,水是重要的生活资料,是生存环境的重要组成部分,包括人类生存与发展需要的水资源,以及为了维持生态系统和水环境而必需的水资源,必须由社会或政府提供;另一方面,水资源又是生产资料,在利用过程中能够创造价值,如用于工业、农业和其他行业的用水。最后,水资源既具有公共商品特点(如非排他性,像水源地、环境水等),又具有私人商品特性(如生产用水,具有竞争性),具有"混合商品"的特征。私人商品的特性决定了水资源具有其占有者,不完全是公共品。因此,水资源一旦进入经济社会生活领域就成为水资源资产。此外,水资源资产还拥有与其他资源资产不同的特征,如流动性、循环性、不确定性、难运输难交易性,特别是很强的负外部性,使水资源资产非常容易受到污染,造成环境和生态危害。水资源资产的

---

① 徐鹤.南水北调工程受水区多水源水价研究[D].北京:中国水利水电科学研究院,2013.

② 邢福俊,张爱民.完善我国城市供水价格机制的探讨[J].内蒙古财经学院学报,2001(3):1-5.

这些特征与水的自然特性息息相关，只会改变水资源资产化管理的具体形式，不能改变水资源资产化管理的方向选择。①

水资源产权明晰是实现水资源转让和交换的先决条件。我国宪法明确规定水资源归国家所有，而所有权要落实到具体法人，要体现在水资源开发利用的收益上，也要体现在治理、保护的法定责任上。水资源的主体、大江大河大湖和地下水资源主要为国有，零量分散的小水权、沟河塘堰也可以为多级所有，有利于开发利用与保护。即便水资源的主体为国有，也可以将所有权和经营权、使用权分离，充分引入市场机制，实施企业化管理。模糊不清的产权安排，其后果必然是国家、地方政府、企业、单位、部门、个人都缺乏排他性产权，必然是产生搭便车和负外部性问题，必然是水资源的利用不足与利用过度并存，治理不到位、保护不足与污染过度并存。水资源产权化不仅是水资源得到市场配置而提高水资源利用效率，而且对于生态环境的保护，经济和环境关系的协调，可持续发展战略的实施都有着重要影响。

水资源产权化是水资源市场化的前提条件。首先，水资源产权化促进水资源的优化配置。其次，水资源产权化促进水资源的高效可持续利用。再次，水资源产权化可以抑制环境污染和生态破坏。最后，对水资源的开发利用和保护有激励作用。

四、行政配置与市场调节相结合的水市场体系保障水安全

建立水市场体系的前提条件是实现流域和区域水资源的统一管理。政府宏观调控的主要任务是对水资源使用权和用水指标进行分配，对流域和区域水资源统一管理；引导利用市场机制对水资源进行合理配置②；制定水资源总量控制和用水定额指标体系；调动社会资本参与水利工程建设和水资源管理的积极性，实行民主决策，接受用水户的监督，提高决策透明度，逐步建立水权交易制度和水资源市场体系。③

① 李雪松.水资源资产化与产权化及初始水权界定问题研究[J].江西社会科学,2006(2):150-155.

② 关业祥.水资源合理配置的基本思路[J].中国水利,2002(5):25-26.

③ 宋建军,张庆杰,刘颖秋.2020年我国水资源保障程度分析及对策建议[J].中国水利,2004(9):14-17+5.

建立水市场准入机制保障水安全。水市场并不是完全意义上的市场,而是一个准市场。在这个准市场中,既需要市场资源配置,又离不开政府宏观调控。市场资源配置的关键在于公平竞争,公平竞争的前提是统一开放。政府宏观调控的有效形式是统一管理,也就是要实现"一龙管水,多龙治水"。长期以来,一方面由于水资源管理没能按市场规律运作,没有公平竞争的条件,形不成投入产出的良性循环;另一方面,由于部门分割管理,难以适应国民经济和社会发展对水量和水质的需求。尽快建立起切合实际的水资源市场准入机制,逐步完善包括水资源勘测市场、供水市场、污水处理回用市场在内的水市场体系,是实现投入多元化,使水利产业尽快完成资本积累,促进产业良性发展的关键所在。[①]

建立水权转让机制,实现水资源优化配置。水资源具有流动性,所有权属于国家,使用权较难确定。一般来说,负责水利工程的投资者具有水资源的使用权。实际上,流域下游的水资源可因上游的工程建设而被截走,左右岸引水工程可以相互被对方制约。为了解决争水矛盾,需要在政府对水权实行宏观调控的基础上,建立起符合经济规律的水权转让机制,即政府根据流域或区域可供水量和国民经济发展的需要,按照旱涝兼治、上下游兼顾、责任权利一致的原则,科学制定分水方案。市场经济下的水权转让机制,灵活调节水资源余缺,从而实现水资源的优化配置。

市场的供求不平衡,必然导致竞争,使供求重新趋于平衡。在水权市场上,竞争主要表现在3个方面:①水权供给者之间的竞争。水权交易主要有协议转让、竞价拍卖、招标转让等形式,由于水权差别性服务很少,其竞争的主要手段是价格。一般说,节水边际成本低的水权最具有竞争性,如灌溉水的节水边际成本远远小于工业用水,因此是最具有竞争力的行业。②水权购买者之间的竞争。竞争力的大小取决于单位水资源边际产出的大小,边际产出越大,竞争力越强。购买者之间的竞争直接推动了水价的升高,也只有这种竞争存在,才能促进节水。③水权需求者和供给者之间的竞争。供给者想以高价格出售水权提高水权收益而需求者尽量考虑以最低价格购买水权,以降低生产成本。

水权市场可以为我们提高水资源的使用效率提供一种非常有价值的手段:

---

① 宋继峰.以"四项机制"推进水市场体系建设[J].山东水利,2001(1):4-5.

①水权市场可以为水用户提供经济激励。人们可以按照水的真实价值,引导他们使用和配置水资源,使他们更加节约地使用水资源。②水权市场比行政手段更具有应变能力。在今天,对于大多数国家的实践来说,这已经是一个规律。③水权市场可以减少水事矛盾。当利用水权市场进行水交易时,买卖双方自己决定他们是否进行交易,卖方是出于自愿进行交易的,他们可以得到经济补偿。而行政配置机制就很难这样做,至少很难达到这种效果。

在市场经济条件下,要使水资源得到优化配置,其基本条件在于将水资源开发利用者置于市场机制约束之中,且市场约束力越大,水资源配置越有效。产权明确的前提下,水权交易才能保证真正平等的进行。水权交易的出现必然带来水资源产权市场即水权市场的建立。水权市场是指水使用权的交换,或者水权的交换。①

第二节　水市场制度实践总结与分析

水资源是关系到国家安全、国民经济命脉的重要战略性资源,在生态、经济方面起着关键性的作用。随着全球经济、社会的迅速发展,水资源短缺问题愈发突出。

长久以来,我国都是一个水资源较为缺乏的国家,当前的水资源状况已经严重阻碍了我国的全面发展和综合国力的提高,在某种程度上,可以说我国正面临着"水资源危机"的挑战。正确处理"水资源危机",对我国的社会主义建设有着极其重大的意义。

当前,我国的水资源状况十分严峻,主要体现在以下4个方面:①水资源时空分布不均衡;②人均水资源匮乏;③水资源利用率较低、水体污染严重;④基础设施建设不足,政府管理模式落后。

随着水资源矛盾的逐步尖锐化,水权交易应运而生。作为一种新型的水资源处理分配方式,水权交易为上述问题提供了新的解决思路和方案。水权交易在提高水资源的利用率,利用经济杠杆促进产业结构的调整升级,缓解水资源

---

① 曹明德. 论我国水资源有偿使用制度:我国水权和水权流转机制的理论探讨与实践评析[J]. 中国法学,2004(1):79-88.

时空分布不均的状况等方面具有十分重要的作用。

自 2000 年国内第一例水权交易开始,水权交易在我国得到了极大的关注和发展,在国内多地陆续有了水权交易的具体实践。我国政府对于水市场的建设也表现出了高度的重视和支持,先后发布了《水权制度建设框架》《关于水权转让的若干意见》和《水权交易管理暂行办法》等一系列重要文件,促进水市场的建立和健全。2014 年 5 月,水利部发布了《水利部水权试点方案》,在全国设立了 7 个水权交易试点,对我国水权制度和水市场的建立开展了进一步的探索。在 2014 年 6 月提出的"节水优先、空间均衡、系统治理、两手发力"的"十六字"治水方针中,政府和市场机制共同作用下的水权交易正是对应"两手发力"的重要环节。

随着水权交易的广泛开展和快速进步,我国急需建立符合我国国情的水市场制度,对水权交易予以标准化和规范化,使水权交易成为解决我国水资源矛盾的重要手段之一。

国内外在水权交易的进行和水市场的发展建设方面均做出了一定的探索,得到了许多的经验教训。充分总结国内外的经验教训,对我国水市场制度的建立和完善有着重要的意义。

因此,本节和下一节将对国内外的水权、水市场制度做出细致的研究和比较,在总结和比较国内外实例的基础上,为我国水市场制度的进一步完善提出具体的指导建议和实施方案。

一、我国水权交易的发展历程

我国第一例水权交易起始于 2000 年,由义乌市出资向东阳市购买其横锦水库中部分水资源的使用权。这一交易实践广泛引起了全国范围内对于水权交易的关注和讨论。之后,水权交易在我国多地迅速发展,先后在甘肃张掖、内蒙古和宁夏以及南水北调部分区域展开了实践。2014 年,水利部设立了 7 个水权交易试点,在已有实践经验的基础上,试图在水权的确权登记以及水市场的制度建设方面取得突破。2016 年 6 月 28 日,中国水权交易所在北京正式成立,是水资源管理和水市场建设领域的一项重大标志性变革。

当前,我国在水市场的建设方面已经做出了很多探索与实践。在大到国家级的尺度上,建立了如中国水权交易所等全国性的水权交易平台;小到灌区之间以及用水户之间的尺度上,建立了如石羊河水权交易中心等地区性的水权交易平台。

不可否认的是,目前我国的水市场制度仍存在着一定的缺陷和问题,需要在日后的完善过程中解决,而国外在水市场建设过程中的经验教训,对我国水市场制度的发展有着相当重要的参考意义。

二、国内外水市场实例

总的来说,国外水市场的建立和发展早于国内,其制度相对也较为成熟。本节以澳大利亚、美国和智利的水市场制度与发展历程为代表,对国外的水市场制度做出简要的分析。然后,本节再以国内义乌-东阳水权交易以及甘肃张掖的水权改革为例,讨论了国内水权与水市场的改革现状。

(一)澳大利亚水市场

澳大利亚地处大洋洲,地理位置与气候模式较为特殊,水资源短缺问题十分严重,用水矛盾也较为突出。当地政府对这一问题有着清醒的认识,因此较早地进行了水权制度的改革和水市场的建立,至今已经形成了十分成熟的水市场制度,在发达国家中相当具有代表性。

1. 澳大利亚的水价制度

澳大利亚的水价并非由政府来制定。由于政府不应当同时承担水价的制定者与执行者的角色,因此水价的制定由独立的第三方评估机构来进行,并可依靠市场机制来进行调节,以此来限制公权力对水价可能的强行干预,防止水价的扭曲。为了防止垄断行为的产生,第三方机构评定的水价也要经过政府的审批。

澳大利亚水价的制定是基于全成本回收的原则来进行的,对于水费的计收,其采用了"两部制"的水价制度,即既收取取水的许可证费用,同时又按计量水价收取水费。对于农业灌溉水价,澳大利亚政府也在逐渐改革原先的福利式的农业水价制度,力图使农业水价逐步上升到全成本定价的水平。[①]

2. 澳大利亚的水权制度与水权的一次分配

最初澳大利亚的水权制度由英国沿袭而来,实行滨岸权制度,将用水权与

---

① 马建琴,夏军,刘晓洁,等.中澳灌溉水价对比研究与我国水价政策改革[J].资源科学,2009,31(9):1529-1534.

滨岸土地的所有权相"绑定"。随着用水矛盾的逐渐突出,政府认识到滨岸权并不适合澳大利亚的水资源状况与用水特点,因此对水权制度进行了改革。政府通过立法,将水权与土地所有权相分离,明确了水资源的公共资源地位,并将水资源分配的权力赋予了政府机构。

澳大利亚各州均可通过立法来对州内的水资源进行管理。在早期,用水主体获得水权的方式是向州政府申请并获得批准。但随着水资源紧缺的逐渐加剧,州政府不再发放新的水权,要想取得新的水权,目前只能通过水权的交易来获得。[1]

在澳大利亚,水权被作为私有财产来看待,具有极强的排他性,这一观念也被社会和人民群众所广泛接受。水权所有者由政府核发的取水许可证来证明其对水权的所有权利,同时意味着其被允许将所拥有的水权进行转让和交易。[2]澳大利亚的水权和私有产权十分类似,水权拥有者可以将所拥有的水权进行租赁、交易、抵押甚至基于水权来开发金融产品、发展期权交易等。

3. 澳大利亚的水市场

随着经济社会的发展,用水矛盾进一步的突出。由于州政府几乎不再审批和发放新的水权,因此新的用水户只能通过水权交易来满足其对水权的需求,而已有水权用户若想获得额外的水权,也只能借助于水权的交易。

随着水权转让和交易的增多,澳大利亚逐步形成了较为成熟的水市场。澳大利亚的水权交易,从交易时限上来说,可以分为临时性和永久性的交易;从交易区域上来说,可以分为州内交易和州际交易;从交易方式上来说,可以分为私下交易、通过经纪人交易和通过交易所交易。

澳大利亚采用政府的政策法规与买卖双方合同相结合的方式来实现水权交易的具体进行,水权可以在用水个体之间、个体与企业之间、企业间甚至地区间、行业间进行流转。为了降低交易成本、增加交易效率和增进交易的透明度,澳大利亚还建立了网上水权交易的渠道,并通过网络提供更多交易信息和交易机会,促成交易的进行。[3]

---

[1]　王晓东,刘文,黄河.中国水权制度研究[M].郑州:黄河水利出版社,2007.

[2]　陈虹.世界水权制度与水交易市场[J].社会科学论坛,2012(1):134-161.

[3]　张仁田,鞠茂森.澳大利亚的水改革、水市场和水权交易[J].水利水电科技进展,2001,21(2):66-68 。

值得注意的是,澳大利亚的水权交易与水市场制度,并不片面地追求最大的经济效益,而是同时兼顾了生态、社会的利益,其长远的目的是为了保持社会和经济的可持续发展。这种先进的发展思路和战略眼光非常值得我国学习。

(二)美国水市场

美国水资源总量较为丰富,但地区分布非常不均衡,"东多西少"是美国水资源分布的一大特点。美国东部气候湿润、降水量大,然而西部地区却常处于水资源匮乏的状态之中[①]。美国的水权和水市场制度也经历了一个较长的发展历程,研究美国西部的水权和水市场制度,对我国也有着相当大的借鉴意义

1. 美国的水权制度

作为传统的资本主义国家,美国的水权制度是在私有制的基础上建立的。美国东部由于水资源储量较大,水资源丰富,多沿用滨岸权制度,若土地所有者拥有的土地与水体毗邻,则其享有相应的水权。

美国中西部由于气候等因素的影响,是美国的传统缺水区。其水权制度与东部有着较大的差异,基本采用的是优先占用权制度,其特点可以简要概括为"时先权先",是一种水权与土地所有权相分离的水权制度。这种水权制度将所有水权按照水权被有益利用的时间顺序进行优先性排列。对于获得水权的主体,州政府将核发取水证明或执照来保障其合法的取水行为。

美国中西部的优先占用水权制度,很好地创立了水权的排他性。在一个流域内,所有的水权被排列在一个优先序列中,一个用水主体的水权可以通过优先性排除排在其后面的水权来体现排他性,但也可以被排在其前面的水权排除。政府也可以将生态所需的水权纳入优先序列,甚至通过购入水权来维护流域的生态安全。

美国的优先占用权制度,在创设了水权的排他性的同时,也将水权赋予了私有性和财产权,为水权的交易提供了必要的条件。

2. 美国的水价制度

美国并没有全国统一的水价制定与审批机构,其水价主要由市场机制进行调节。美国的地表水与地下水分销机构众多,且基本遵循"谁开发,谁管理"的原则,水价由供需双方的关系来决定,在竞争与垄断中形成具体的水价。

---

① 吴佳驹,王霄.浅谈美国水资源状况及应对措施[J].科技经济市场,2013(3):47-49.

美国的水价实行的是批发水价与分类水价相结合的制度。美国联邦和州水利工程在向下级供水机构供水时,并不区分水权的用途,采用统一的批发水价,而当地方供水机构向具体用水部门供水时,一般会根据具体用途的不同,向用户按不同标准计收水费。美国的农业用水水价一般低于工业和城镇用水的水价。

3. 美国的水银行制度

在美国的水权交易制度中,其"水银行"制度具有鲜明的特色,其中又以加州的水银行发展最为完善和成熟。

20世纪末期加利福尼亚州的严重干旱促成了加州水银行的建立。借鉴银行的运行方式,加州的水银行相当于一个中介机构,负责购买水资源出售者的水权,并将其转售至需水用户手中。

加州的水银行利用加州输水设施和水利工程建设较为完备的优势,将购买的多余水权储存在这些设施之中,再出售给有需求的购水用户,通过差价和手续费等来获取利润,维持银行的运行。通过水银行的运行,售水方得到了经济补偿,购水方也获得了急需的水资源,达到了共赢的效果,而水银行也能达到"以水养水"的盈利目的。同时,水银行也有另一种运行的方式,即利用地下含水层,在丰水时期购买多余的水权,将其人工回灌至地下含水层,在枯水时期将地下水抽出使用或出售。

对于水权的出售与购买双方,水银行也会进行严格的资格审查。只有注册成为水银行成员的用户,才能参与水银行主持下的水权交易。用水户必须保证节约用水,而购水者的购水量也会经过审查,以保证其不能购买超量的水权。

经过长时间的发展,加州水银行已经日臻成熟,并发展出了网络交易的模式。水银行的典型运行流程如图4.1所示。

相对其他国家和地区常设的水权交易平台,加州的水银行具有机构简单、运行方式灵活、成本低廉的优点,但一般只在枯水季节运行,有着一定的局限性。

尽管加州的水权与水银行制度已经较为成熟,但由于农场主们担忧水市场的运行会严重侵害农业发展,来自农业的反对观点使得目前水市场制度在加州尚未得到建立。①

---

① 周余华,胡和平,李赞堂.美国加州水资源开发管理历史与现状的启示[J].水利水电技术,2001,32(7):51-55.

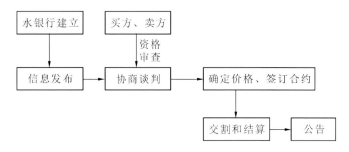

图 4.1　美国加州水银行运行流程图

（三）智利水市场

1. 智利水资源状况及水资源管理指导思想

智利是最早进行水权改革并建立成熟水市场制度的发展中国家之一，在 20 世纪 70 年代末期，智利就开始了水权改革的尝试，1981 年制定的《水法》在智利水市场的发展过程中具有十分重大的意义。在实践过程中，针对 1981 年《水法》的缺陷，智利又于 2005 年进行了《水法》的修订。

智利水资源管理的指导思想与澳美两国有所不同，其非常重视市场的地位，政府对于水资源的管控能力被大大弱化。智利水权的一大重要特点就是鲜明的私有性，而在水市场的运行中，智利倡导完全的市场化，政府的调控作用在市场中并无明显的体现。

同为发展中国家，智利的水权与水市场发展沿革对我国的水市场完善工作有着重大的研究价值。

2. 智利的水权制度以及沿革

智利于 1981 年制定的《水法》构成了智利水权制度的基础。智利的水权管理部门主要由国家水董事会、用水户协会和法院组成。国家水董事会负责水权的一次分配、大型水利工程的管理、水文数据的收集管理以及用水户协会的登记；用水户协会主要负责辖区内用水的具体管理与交易；法院负责水权交易纠纷的审理。

智利的水权是和土地所有权相分离的，智利《水法》规定，水资源的所有权属于国家，国家向水权持有者进行转让和分配的是水资源的使用权。但智利的水资源使用权的私有化特征十分明显，水权持有者的水权可以自由转让、交易甚至进行抵押融资，可以称得上是一种"财产权"。智利公民获得的水权需要在不动产权利办公室进行登记。由于智利的水权与财产权相似,所以持有水权也需要缴纳税款,因此,智利的水权持有行为本身就有着一定的成本。

智利《水法》中规定:"水权持有者可以不经国家水董事会同意而改变水权使用的地点和形式。水权的申请无须向国家水董事会说明其用途。若同一水权有多个申请者,水董事会将通过拍卖的方式决定其归属。"智利的水权按时限来分,可以分为永久水权与临时水权;按消耗性来分,可以分为消耗性水权和非消耗性水权。

智利建立了与优先性水权不同的比例水权制度。对于流域中的水权,并不按照固定的流量或水量进行界定,而是按照一定的比例进行分配。因此,随着具体水情的不同,水权持有者虽拥有固定的比例,但其获得的具体流量或水量会发生改变。当水资源不充足时,所有水权会按照比例进行缩减,每个水权持有者仍然会保有一定的水量,而不会像优先权制度一样,优先性靠后的水权会被完全的排除掉。相比优先权制度,比例水权更加灵活,也更易于水权市场的操作,也体现出了一定的公平性。

总而言之,智利水权制度的特点可以归纳为比例水权、自由性、私有性和财产性。

3. 智利的水市场建立

智利 1981 年制定的《水法》提出了水权交易的完全市场化,并鼓励水权交易的进行。智利《水法》认为,政府对水权交易的干预会影响交易效率,而完全的市场化可以通过市场的配置作用形成合理的水权价格,并促进节约用水。因此,在智利,政府和国家水董事会对水权交易的作用十分微弱,国家的权利被大大的限制。智利的水权交易是完全自由的,没有优先顺序,也几乎不需要提供"正当理由",任何水权持有者均可以按协商的价格向任何主体出售其水权。甚至在水权的初始分配时,对于申请者较多的水权,智利都应用了拍卖的操作,其市场化程度可见一斑。

智利大部分具体的水权交易行为是在用水户协会的主持和参与下进行的,其水权交易大都与农业相关,可以分为 3 种:农业用水户之间的短期交易、农业用水户之间的长期交易、农村与城市之间的交易。① 智利鼓励用水主体自身积

---

① 刘洪先.智利水权水市场的改革[J].水利发展研究,2007(3):56-59.

极参与用水决策,并准许成立地下水用水户协会,甚至允许水管理社团拥有法律主体的地位

一般来说,水权制度的确立和水市场的运行伴随着用水权排他性和私有性的增强,而智利供水服务、水利设施、水资源管理等的私有化性质尤其具有代表性,也在促进经济发展方面取得了良好的效果。智利将水利设施的管理权赋予了用水户协会,并对城市供水服务也进行了私有化改革。通过建立私有化的竞争机制,智利的城市和农业的用水效率都得到了提高,而私有化也使得政府不再需要为水利工程与供水服务提供高额的补贴,改善了政府的财政状况。①

然而,智利水权交易高度的自由化在一定程度上导致了垄断和投机行为的产生:①一些企业投机性地购买大量的水权,对水市场产生了冲击;②电力企业大量购买水权也影响了其他用水者的权益;③部分企业试图垄断水权,阻止竞争对手进入市场。

针对这些问题,智利于 2005 年新修订的《水法》对水权和水权交易做出了一定的规范。②③

(四)义乌-东阳水权交易市场

1. 交易概述

义乌市的水资源状况与社会、经济发展水平极不匹配。2000 年,义乌市的人均地区生产总值已经高达 17945 元,即将进入现代化的门槛,但水资源不足成为义乌市经济社会发展的瓶颈。与义乌市相邻的东阳市水资源状况优良,不仅有丰水河流流经,而且还具有横锦水库和南江水库两座大型水库。

2000 年,义乌市和东阳市签订水权转让协议,由义乌市一次性出资 2 亿元购买东阳横锦水库每年 4999.9 万 m³ 水的永久性使用权。2005 年,工程建成通水。

2. 交易分析

东阳市以 3880 万元的灌区改造投资和 4500 万元的梓溪流域开发投资为

---

① 王金霞,黄季焜. 国外水权交易的经验及对中国的启示[J]. 农业技术经济,2002(5):56-62.

② 陈洁,许长新. 智利水法对中国水权交易制度的借鉴[J]. 人民黄河,2005,27(12):47-48+54

③ 刘普. 中国水资源市场化制度研究[D]. 武汉:武汉大学,2010.

成本,获取了 2 亿元的水利建设资金以及每年约 500 万元的供水收入和新增发电量的售电收入。

义乌市通过这笔水权交易,极大缓解了自身的缺水状况,促进了该市工农业和商业的发展,使居民的生活用水获得了保障。与原有的在市内自行修建水库等计划相比,水权交易不仅能同时解决近期和远期的需求,而且成本大大降低。对于交易双方来说,这是一笔成功的交易,双方得到了共赢。

但由于水资源作为公共资源所特有的外部性,水权交易较易对第三方产生一定的影响。如:总投资 1400 万元的丰潭厦城引水工程完全报废;总投资 6000 万元的丰潭电站的发电受到严重影响,降低了效益;投资 1000 万元的南山水库的效益受到严重影响;总投资 7100 万元的引水工程将不能发挥工程效益;东阳从梓溪跨流域引水补充横锦水库 5000 万 m^3 水资源,将严重影响曹娥江流域生态平衡。嵊州市政府决定再建一座投资 1000 万元的上俞水库,增加了建设成本。

为了补偿嵊州市的权益,最后商定由浙江省政府向嵊州市给予补贴,浙江省水利厅改进梓溪流域水资源配置规划。

东阳灌区农业也受到一定的负面影响。横锦水库的输水量和输水天数都有所降低,东阳灌区下游的农业生产因引水工程的启用而无法得到充足的灌溉水供应,使农业产量和农民收入降低。

为了应对农业的受损,政府决定免除东阳灌区农民的灌溉水费,但实际上由水权交易产生的农业缺水问题仍未彻底解决。

3. 意义及影响

义乌-东阳水权交易是我国第一例水权交易,可以认为是我国水市场的开端。该交易很好地解决了义乌市的缺水问题,并为东阳市带来了客观的经济收益。同时,由于对水权交易的负外部性考虑不周,对周边产生了一定的负面影响。

(五)国内其他实例

1. 水权试点工作

2014 年 5 月,水利部发布了《水利部水权试点工作方案》,在全国 7 个省区(宁夏、甘肃、内蒙古、河南、湖北、江西和广东)开展了较大规模的水权试点工作。在已有实践经验的基础上,探索水权的确权登记、交易流转和制度建设,力争 2～3 年完成这些方面的突破,为在全国层面推进水权制度建设提供借鉴经验。

2. 中国水交所建立

2016 年 6 月 28 日,中国水交所在北京开业。中国水交所是我国的国家级水权交易平台,建立中国水权交易所,是水利部和北京市政府认真贯彻落实党中央、国务院决策部署的重要举措,是水资源管理和资源要素市场建设领域的一项重大变革,也是经济体制改革和生态文明体制改革的一项重要成果,影响深远,意义重大。

三、国内外水市场实践对比分析

水市场制度与水权、水价制度相互联系,不可分割,只有在成熟的水权与水价制度的基础上,才能发展出先进的水市场。因此,研究国内外的水市场时,不应将其与水权、水价相互割裂,而应当共同进行比较分析。

(一)我国水价与国外对比

长期以来,我国在计划经济体制之下的水资源定价模式无法正确反映水资源的价值,背离了经济学规律。政府包揽了水资源的所有权和分配,水资源价格极低,甚至免费供应。水价长期低于水资源价格,也低于供水成本,对于污水处理费等甚至考虑很少。

水价的扭曲反映了资源价格的严重失真,导致了用水方式粗放、效率低下和污染严重等一系列不良后果,也容易诱使我国水资源利用陷入"公地悲剧"。不合理的水价不仅导致了水资源的浪费和污染,也成为水市场发展完善过程中的严重阻碍因素。

改革开放以来,我国的水价逐渐恢复到有偿供水的轨道上。我国于 2002 年修订的《水法》,对我国水价做出了一些规定。《水法》第四十八条规定:"直接从江河、湖泊或者地下取用水资源的单位和个人,应当按照国家取水许可制度和水资源有偿使用制度的规定,向水行政主管部门或者流域管理机构申请领取取水许可证,并缴纳水资源费,取得取水权。"第四十九条规定:"用水实行计量收费和超定额累进加价制度。"第五十五条规定:"使用水工程供应的水,应当按照国家规定向供水单位缴纳水费。供水价格应当按照补偿成本、合理收益、优质优价、公平负担的原则确定。"与之前的无偿供水或福利性供水相比,我国的水价制度正在向有偿供水的方向转变,供水价格正在逐步提高。

在国外的水价定价过程中,极少有政府直接制定价格的行为。国外政府往往将定价权授予第三方或供水服务提供者,水价由供需关系和竞争机制形成,由政府充当水价的调控者。对于农业水价,国外政府一般也有一定的补贴,但随着经济社会的发展,农业水价也有减少补贴和价格上升的趋势,一些国家的政府也在促进农业水价的回升。

(二)我国水权制度与国外对比

1.国外水权制度的特点

国外水权制度发展较为成熟、完备并具有很强可操作性,总体来说,具有以下的特点。

(1)独立性。在缺水地区的水权制度中,无一例外地都将水权与土地所有权相分离,并将分离出的水资源所有权收归政府。通过建立水资源的独立性,使国家掌握了水资源的调控和分配权力,并强调了水权的公权性质。政府将水资源所有权收归国有,一方面可以避免土地所有者对水资源无节制的取用,另一方面使得水资源的统筹管理和分配成为可能,同时水权的独立也为未来水权的转让和水市场的培育打下了基础。

(2)排他性。国外的水权制度很好地将水资源利用的外部性进行了内化。在美国的优先权制度中,这种排他性体现在了其优先权序列中。通过排除优先权较低的水权,保障了优先权较高的水权;而在智利的比例水权体系中,水资源按照一定的比例在用水主体间进行分配,即使在枯水期,用水主体的水权也不会受到其他主体的侵犯。国外水权的排他性保护了水权所有者的个人利益不被侵犯,而通过在水权的初始分配过程中设立优先权序列,政府又可以通过水权的排他性来达到生态保护与统筹调配等目的。

(3)私有性、财产性及可交易性。这里的私有性,并不是指水资源的所有权,而是水资源的使用权。在国外的水权制度中,水资源的使用权大都被看成是所有者的个人资产。水权的所有者可以将水权进行租赁、转让、交易和抵押,国外甚至发展出了水资源的期权、证券等高级金融形式。水资源使用权的私有性质在智利表现得尤为明显,其水权交易无须正当理由,甚至政府都无权干预,而水资源作为个人资产,也像其他财产一样需要缴税。国外水资源使用权鲜明的私有性大大加强了其财产性,从而促进了国外水权交易的快速发展和水市场的繁荣。

(4)可操作性。国外的水权制度中,对于用水主体,均会向其核发具有法律效力的水权证明文件(如取水许可证、执照或不动产证明)作为公权力对水权初始分配的象征,以保证水权的合法性和正当性。同时借助水权的证明文件,又可以明确反映水权的交易状况,使水权的界定更为明晰,避免了水权与水权交易权属不清的障碍。国外对于水权制度均有着法律条文的明确支持,而水事纠纷也往往依靠法律诉讼来解决,可以认为,国家的法律是国家水权制度的有力后盾。

同时,参考国外的水权制度指导思想,其在可持续发展和生态保护的态度方面也值得学习。水权制度的建立与水市场的培育不应单纯地追求经济的增长,水资源的保护、节约以及生态系统的保护也应当给予足够的重视。

2. 我国水权制度的特点

我国的水权制度经历了较为曲折的发展历程。新中国成立后的很长一段时间内,我国实行的是高度集中的计划经济体制,所有自然资源几乎都按照计划进行指令式的配置。水资源作为自然资源的一种也不例外,国家享有水资源相关的一切权利,如所有权、使用权、经营权、分配权和处置权等,用水主体只是水资源的使用者,不享有任何与水资源有关的权利。国家强制性配置水资源,使得用水主体获得水资源几乎不需要任何成本,也无须承担相应的责任,但水资源的数量和用途都被严格地限制。这时的水资源制度虽然可以认为是一种"水权"制度,但其在促进经济发展、环境保护、节约用水和提高水资源利用效率等方面作用不大,水权的交易更无从谈起。与国外的水权制度相比,该种制度并无实际意义与可比性。

随着经济社会的发展、人口的迅速增长、社会环境的变化和水资源的日益紧缺,我国也对水资源制度的改革进行了探索,至今已经取得了一些成果:①建立了取水许可制度;②做出了水权初始分配的具体实践,如黄河分水等;③推行了水权制度的改革和规范化;④水权交易得到了具体的开展,并在部分地区建立了水市场或水权交易平台。

但我国的水权制度仍与国外存在一定的差距,需要吸取研究国内外的宝贵经验。

(三)我国水市场与国外对比

1. 我国水市场的特点

如果以我国第一例水权交易——东阳-义乌水权交易作为中国水市场建设

的开端的话,我国的水市场仅仅经历了十几年的发展历程。水权交易与水市场在我国仍可以称得上是较新的概念。而在短短十几年的发展历程中,我国的水市场从无到有,并在大小尺度上均进行了尝试与实践。

当前,我国的水权交易行为与水市场制度与地方政府的联系十分紧密,显示出自由度较低的特点。如东阳-义乌水权交易是由两地政府之间进行的,而张掖的水权改革也源于政府的行政强制作用,各个水权交易中心以及中国水交所均是在政府的支持下成立的。政府的调控与管理作用十分显著,行政作用较强,是我国当前水市场制度与国外的一大区别。政府在水市场的运行和管理中有着较大的权力,也可以通过行政命令来对水市场进行引导和控制,甚至政府可以作为主体直接参与水权的交易,在一定程度上可以说,一些地方政府不仅参与了水权的初始分配,更充当了二次分配,即水权交易中的参与者的角色。在政府与水市场的关系上,我国政府和国外仍有着一定的差异。与国外相比,我国的水市场活跃度也与国外有一定差距,交易次数少,成交量也不多,而且我国的水权交易大都为灌溉用水户之间短期的水权租赁,类似东阳-义乌等长期、大宗的水权交易实践较少。

可以认为,我国的水市场仍处于初级阶段,在不断的发展和完善的过程之中,我国水市场的特点可以总结为:①起步晚但发展快速;②自由度低且活跃度低;③政府权力大且参与度高。

2. 水市场在我国建立发展的优势

在我国水市场的发展过程中,政府给予了足够的重视和支持。在新时期"节水优先、空间均衡、系统治理、两手发力"的"十六字"治水方针中,充分发挥政府和市场双重作用的水市场,正是"两手发力"的重要组成部分。在我国的制度下,政府拥有更大的权力,其行政手段可以在短时间内促进我国水市场制度的快速发展。

研究水市场的形成过程可以发现,水市场一般在缺水地区才有建立和发展的环境。我国大部分地区均面临着水资源短缺的威胁,水资源的天然禀赋决定了我国的水市场建设不仅是必要的,而且是急需的。我国水资源利用效率低、浪费和污染严重的缺点又可以通过经济手段来进行遏制和克服,水市场作为一种成本较低、生效较快、灵活简便的管理模式,在我国有着巨大的发展潜力。因此,我国发展水市场主要优势有:①政府大力支持;②发展潜力巨大。

（四）国外水市场制度的特点

同国外的水权制度一样，其水权交易和水市场的发展历程也远远早于我国。至今在多个国家已经建设完成了成熟的水市场制度，其交易流程和配套的政府管理模式也较为规范和完善。

国外的水市场制度较为活跃，行业内、行业之间、流域内和跨流域的水权交易均有一定的实例。在一些地区，水权交易已经成为缓解当地缺水矛盾的一个重要途径。在水市场发展程度较高的国家，水权交易也成为水权持有者稳定盈利的一种手段，水权的金融化、证券化已经出现，甚至已经有了"水股票"的发行。

在大多数情况下，水市场均依靠市场机制自身进行调节，政府只起到宏观调控的作用，如在智利，政府甚至没有管制水市场的职能。由此可以看出，国外的水市场自由度要大大高于我国。因此，需要正确利用政府的权力，促进水市场完善。

综上所述，国外水市场具有如下特点：①起步早、发展程度高；②活跃度高、自由度大；③政府权力被限制。

（五）国外水市场制度的经验教训

总结国外水市场制度发展过程中的经验，可以得到以下几点认识：①水权制度和水价制度是水市场制度建立和发展的基础。只有水权确权明晰并有着鲜明的排他性、独占性和财产性质，水权持有者才能够将其投入市场；只有当水价能够真实反映水资源的价值，水权交易才能够发挥其高效配置稀缺资源的优点，不致市场失控。②水权交易一般应当通过水权交易平台进行，使交易行为更加规范、合法且易于管理和调控。应当建立实体和信息化的水权交易平台，提高交易效率、降低交易成本，并和其他部门形成信息共享。③水市场的建立与发展需要外在条件的保障。完备的法律、行政、经济和技术保障能够使水市场正确、高效地发挥其作用。

通过研究国外的水市场，可以得到如下教训：①在水市场的运行中，市场调节不是万能的。一味地限制政府权力，迷信市场调节的作用，会导致市场失灵、垄断行为等后果。水市场应当是一个"准市场"，政府必须拥有宏观调节水市场的作用，对水市场的掌控不能过于放松，必要时政府也须直接参与水权的交易。②水权交易的进行改变了水资源的时空分布，对生态会产生一定的影响。水市场的运行不应当对生态造成威胁，大规模的水权交易必须考虑其生态影响，必要时需要采取生态补偿措施。③必须正确处理政府和市场之间的关系,保证二者各自在适合的领域发挥其作用,政府与市场不能出现"一家独大"的现象,但也不能缺位。

(六)国内外水市场制度研究总结

通过对国内外水市场的比较研究,可以得出下列结论:①应当学习国外水权和水市场的先进经验,但在实际过程中要符合我国实际,予以取舍。②在水市场的建立和完善过程中,需要时刻贯彻中央新时期"节水优先、空间均衡、系统治理、两手发力"的"十六字"治水方针。③应当警惕完全的私有化、自由化倾向。④适度的私有化和竞争机制的引入可以使水市场更好地发挥作用,可以进行适当的探索。

四、水市场建设运行存在的问题

西方国家的水权与水市场制度的建设经历了一个漫长的过程,其中的矛盾和不足是缓慢地暴露出来的。因此,其能够在较长的时间中逐步地对问题进行解决,并对自身制度进行完善。

与西方国家不同,随着我国水市场的建立和快速发展,我国面临的将是问题的集中爆发。因此,我国需要的是"对症下药"的解决方案。所以,本节讨论的是我国水市场建设中存在的问题,只有清楚地把握现阶段的主要问题,才能找出真正的症结所在。

(一)行政保障不力

水市场是基于流域或区域的水资源而建立的,目的是促进水资源的高效利用和经济效益的提升。水市场的建立和运行与流域或区域的水资源管理密切相关,优良的水资源管理制度可以大大提升水资源的利用效率、降低交易成本,而我国的水资源行政管理普遍存在很多问题,制约着水市场的培育,影响着水安全的保障。

1.区域管理分散、协调能力差

我国 2002 年修订的《水法》规定,国家对水资源实行流域管理与行政区域管理相结合的管理体制,而在实际操作中,往往是以行政区域管理为主。虽然成立了各大流域专门的流域管理委员会,但其职能和权力模糊不清,在实际运行中被弱化。在较大的流域,流域的上、中、下游的管理权往往归属于不同的行政区域,而行政区域各自制定的流域管理计划大都从自身利益出发,造成了行政区域之间各自为政、各为其主的分割管理局面,且易导致流域中涉水纠纷的发生。由于区域管理自身带有的地方性质,跨区域的流域管理难以进行充分协调,信息交换和共享的渠道也不畅通,中央与地方机构之间的配合程度、协调能力也无法令人满意。

2. 行政职能重叠

在我国当前的体制下,有多个部门均能参与流域管理,如水利委员会、地方政府、地方水利部门和地方环保机构。多个部门之间存在职能重叠现象,互相的统筹协调程度也较差,定位和分工也不明确。

在同一流域,由于同时存在多个领导部门,易出现"政出多门""多龙治水"的现象。在双重甚至多重领导机制下,行政命令和政策难以得到严格的执行,也会存在行政命令自相矛盾的情况。部门之间争权、推诿和各行其是的现象也无法彻底避免。

3. 流域管理部门权力弱化

我国地方的环保部门和水利部门往往隶属于地方政府,这意味着其权力也来源于地方政府,并受其制约。而作为水利部的派驻机构,各地的水利委员会与流域管理局的权力又来源于水利部,与地方政府之间保持着一定的独立性。这意味着,当流域管理机构行使职权时,可能会遇到来自地方政府的阻力。地方政府的特殊地位与流域管理相掣肘,使流域管理部门的权力被弱化。流域管理机构自身也在一定程度上存在组织结构不合理、机构臃肿和执法能力不足的缺陷,也是权力弱化的一个原因。

4. 法律规定混乱

与行政职能重叠相似,流域管理制度的立法也有诸多的重叠甚至矛盾。以流域治污和水资源保护为例,《水法》将水资源保护规划的职能授予水利部,但《水污染防治法》又为环保部门赋予了水污染防治规划的职能。这导致了水利部门与环保部门在职能行使上的冲突和重叠。[①]

法律规定的混乱既导致了行政上的冲突和低效,也是部门职能重叠的一个重要原因。

---

① 应力文,刘燕,戴星翼,等.国内外流域管理体制综述[J].中国人口·资源与环境,2014,24(3):175-179.

（二）水价制度不合理

我国目前的水价制度仍有一些缺陷，导致了用水浪费、水污染严重等问题。随着经济水平的发展和人口的增加，若没有合理的水价制度的限制，用水量在可见的未来将会不断增长。增长的用水需求不仅会使我国的缺水问题更为严峻，而且会使能够进入水市场进行交易的水资源数量不断减少，同时水资源价格过低也影响到水权交易的利润，使可能的水权交易者没有动力将水资源投入市场。水价制度的不合理可以从基础上对水市场的形成与运行造成威胁。

在城市供水方面，我国大多数城市仍采用落后的单一式城市供水价格，阶梯式水价和超额累进水价制度的推广力度较低，对城市节水缺乏激励。研究表明，城市居民用水的需求弹性很大，低水平的水价无法起到对城市用水量的控制作用。同时，城市供水价格中所含的污水处理费用也没有得到足够的重视。[①]

在农业用水方面，由于地域广大、耗水量巨大，我国尚未建立起一套农业用水的水价标准，农业水价也处于较低的水平，农民长久以来灌溉用水不须支付水价的观念也根深蒂固。这部分导致了我国的农业灌溉大都仍采用落后的大水漫灌方式，不仅造成了用水缺口的增大，也使得农业用水无法进入水市场流转而发挥更大的经济效益。

（三）水权制度不完善

1.水资源状况掌握不清

一些流域的管理机构和地方政府对本区域内的水资源状况掌握程度不足，对区域内的水量、取水口和地下水取水口的监测和管控也不周全。对本地区水资源禀赋把握不清也影响了本地的水权确权与登记过程。

2.水权权属不清，确权不明

我国政府已开始进行水权的确权活动，但由于工作量大、问题复杂，水权权属仍不明晰，争议较大，需要进一步明确各个用水主体持有的水权。某些流域的用水户之间互相争夺引水权的行为引起了水权的纠纷。同时由于历史原因，一些水利工程的所有权也相当模糊。

3.水权排他性与可执行性不强

在我国的取水许可制度之下，用水主体的用水权主要由取水许可证来证

① 郑新业，李芳华，李夕璐，等.水价提升是有效的政策工具吗？［J］.管理世界，2012（4）:47-58.

明。但地方水利部门和流域管理机构核发的取水许可证,无法体现出水权的排他性。许可证为用水户提供了取水的权利,但用水户的水权之间并没有先后顺序。对于流域内的水资源,部分地区的农户甚至可以随意进行取用。[1]

水权优先性和排他性的缺失影响了水权的正当行使,而侵害他人水权的行为往往也无法受到惩罚。实际上可以认为,所有用水户的水权都得不到保障。

同时,水管部门的执法权力和执法能力不足,也削弱了水权的可执行性。

4. 水权相关法制不完善

由于我国现行的《水法》及其他法律并未明确提出"水权"的概念,也未做出详细规范和说明,一些人甚至认为我国不存在水权制度。水资源相关法律也并未对水权制度做出充分的定义和支持。我国的水权交易虽然有着事实上的实践,但至今我国的主要法律条文中尚无相关的明文规定。

(四)公众参与度低

我国公众对水权、水价和水市场的低参与度也影响了水市场的完善,主要表现在以下几个方面。

1. 水权初始分配效率较低

受到我国长期以来实行的计划经济体制的影响,我国当前水权的初始分配过于依赖政府部门,水权分配过程中鲜有公众的参与,而公众也没有主动参与涉水事务管理的意识。用水主体自身对其用水信息的掌控显然要比政府更加全面,政府部门带有强制性和计划性的水权分配在没有用水主体的参与下,不可避免地会产生效率较低的问题。

2. 对水资源认识不足

我国社会和群众对水资源的商品化属性认识不足,阻碍了水市场的培育;一些群众甚至认为,水资源是免费的,取用无须付出任何成本;群众对水权和水价的概念也没有足够的理解,无节制地用水;部分群众认为,水资源制度的改革与其毫无关系,对于水资源管理事务没有主动参与的动力。观念的落后不仅加剧了水资源的浪费,也动摇着水市场培育的根基。

---

① 魏衍亮,周艳霞.美国水权理论基础、制度安排对中国水权制度建设的启示[J].比较法研究,2002(4):42-54.

3. 民间水管理团体发展艰难

虽然民间已有成立水管理团体的实践,但这些团体往往非常弱小,不仅规模不大,没有成熟的机构和运行机制,也没有被赋予一定的权力,与国外的民间团体相比,功能受到一定程度上的弱化。

4. 部分地方政府对群众参与水管理态度不积极

观念的陈旧也表现在地方政府的态度方面。地方政府不愿放开水资源管理的权力,妨碍民间团体主动参与水权的分配、政策的制定等决策过程,从客观上也影响了水权制度的改革和水市场的培育。

(五)其他问题

除上述提到的重点问题外,我国目前的水权和水市场制度还有以下方面需要改进。

1. 基础设施建设不足

在完善水市场的过程中,不仅应当有制度创新和改革,也要有硬件条件的保障。当前,我国很多缺水地区水利工程与输水设施建设落后,客观条件的不足严重阻碍了水权交易的具体进行。

在我国农业灌溉方面,农业灌溉渠道的跑、冒、滴、漏情况仍时有存在,使本就不足的水资源又面临着灌溉过程中的浪费。同时,农业灌溉水平落后,在当代,国外广泛采用节水型灌溉措施,如喷灌、滴灌等,而我国很多地方仍采用大水漫灌的方式,加重了水资源的浪费。

2. 部分群众观念仍然落后

当前,群众对于水的商品属性接受程度不高,免费、低价用水的观念仍根深蒂固,对于水权交易的理解远远不足。因此,在观念较为落后的地区,水市场的推行会遇到较大的阻力,用水主体进行水权交易的积极性也很低。

3. 对于水权交易的生态影响考虑不周

在水权交易中,要重视生态水权的地位,对于将生态水权纳入交易,要极慎重地考虑。在国外,政府通过购买水权的方式增加生态水权的数量,已成为一种很普遍的保护生态的方式。

水权交易改变了水资源的时空分布,同时也影响了地表和地下水的径流过程、水位和退水过程。以澳大利亚为例,由于未将地下水权纳入统一管理,在实行水权交易之后,用水主体对地下水的利用增多,使得地下水位下降,又反过来作用于地表水的径流过程,对水资源产生了一定的不利影响。我国在这一方面考虑也不甚周全,应当引以为戒。[1]

同时,水权交易对影响水体的水质、水生物等水生态方面的研究也远远不够。

第三节　关于完善我国水市场制度的建议

自 2000 年以来,我国的水权交易和水市场已经得到了长足的发展,已经建立了一些水权交易平台,并有着诸多水权交易的实践,在实践中不断改进和发展,其功能也逐渐趋于完备。本节对进一步完善我国水市场制度提出几点具体建议。

一、改革政府规制

我国目前的水资源管理制度制约着水市场的培育和运行,因此作为水市场完善的前提和基础,首先要对我国的水资源管理制度进行改进,应从以下方面入手。

(一)重组部门结构,优化权力分配,建立新型流域管理制度和机构

1. 建立一体化的流域管理模式

将流域整体作为管理规划的单元,改革区域管理制度。短期的目标是加强当前流域管理和区域管理的协调程度,中长期目标则是促进区域管理向流域管理的过渡,区域管理服从流域管理,实现全流域的一体化管理。

在流域层面应当以各流域水利委员会为基础,在推行"河长制"的同时,建立各层面的统一管理规划机构。以干流流域管理机构作为主体,支流流域管理机构作为分支,服从干流的管理。

在流域规划的制定方面,以流域整体的发展和利益最大化为目标。在制定规划时,应考虑减少各区域之间部门分割、权力分割和地方保护主义的影响,加大流域内各区域的对话和协商力度,力图得到最大程度上的配合,避免行政的

---

① 李春晖,孙炼,张楠,等.水权交易对生态环境影响研究进展[J].水科学进展,2016,27(2):307-313.

低效与水资源的浪费。

在流域规划的执行方面,强调各个区域之间的配合,增强流域规划的约束力。流域规划一经制定,在各个区域必须得到严格执行。对于违反流域规划的地区,应当做出一定的处罚。[①]

2. 重组部门结构,优化权力分配

为了解决目前流域行政管理部门职能重叠严重的情况,建议我国对水资源管理机构进行重组,将流域管理的所有职权统一赋予各流域管理机构。为了避免地方保护主义的影响,流域管理机构的权力应当由中央政府授予,其与地方政府为相互独立的关系。

部门结构改革的主要目的就是提升行政效率、明确权责、加大信息交互程度和减少冲突与纠纷。通过部门结构改革,可以使管理权限更为集中,也有利于流域管理的专业化、规范化和制度化。

3. 强化水资源管理的法律支持

加强立法工作的推进,从法律上赋予水资源管理机构的合法地位,规定其权力职责,明确不同部门的权责。打破水资源管理分散立法的现状,协调不同法律之间的关系,消除水资源管理相关法规中相重叠、矛盾的部分,代之以明晰的规定。提升水资源管理部门的法律地位,为其赋予一定的执法权力,对于水资源管理中出现的违规、违法行为,应当依法进行处罚。[②]

4. 加强公众参与的新型管理框架

当前我国的水资源管理制度中,较为缺乏公众的参与。加大公众的参与力度,对水资源管理效率的提升、政策的顺利执行有着重要的意义。在此,借鉴澳大利亚墨累-达令河流域的管理组织框架,对我国水资源管理中的公众参与做出初步构想(图4.2)。

水资源管理主要包括3个层面:①流域行政管理机构负责整个流域区域尺度上的整体规划和行政命令的制定,为决策层;②由流域管理机构和地方政府领导的执行部门负责公正、透明地执行政策,为执行层;③由用水户协会(公众

---

① 史璇,赵志轩,李立新.澳大利亚墨累—达令河流域水管理体制对我国的启示[J].干旱区研究,2012,29(3):419-424.

② 左其亭,胡德胜,窦明,等.最严格水资源管理制度研究:基于人水和谐视角[M].北京:科学出版社,2016.

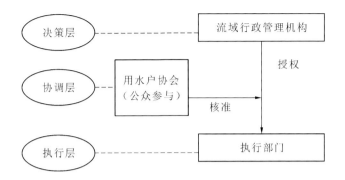

图 4.2　我国水资源管理中的公众参与机制初步构想

参与)为主体的协调层沟通决策和执行层面,负责平衡各方利益,并代表用水户的权益,参与政策的制定,保证政策制定中的公众参与。执行部门对政策的执行要获得流域行政管理机构的授权和用水户协会的批准,以形成制约,防止不当政策的执行。

(二)改进政府工作评价考核体系

在推行政府规制的改革时,可能会面临来自地方政府的阻力。部分地方政府改革动力不足和消极怠工的问题,也需要得到解决。

建议我国改进政府工作评价考核体系,强调水资源重要性,严格执行最严格水资源管理考核制度。将水资源利用效率纳入政府绩效考核评价指标,并把水资源消耗和水环境占用纳入经济社会发展评价体系,同时将水资源利用率、水资源消耗和水环境占用指标进行量化,建立一套对应的考核标准。

在考核体系的限制之下,政府将更加重视水资源的重要性和稀缺性,并注意到其经济价值。考核体系的改进,从正面可以对水权、水市场制度的改革起到激励作用;从反面可以对政府形成"倒逼",使政府稳步推行水权、水市场制度改革的相关工作。

改进政府考核体系,不仅可以提高水资源利用效率,也可以促进节水、遏制水污染,还能够达到调整地方产业结构的目的,同时促进经济的发展。

二、改革水价制度

价格是反映供需关系的杠杆,在水价改革实践中,应当充分发挥水价的调节作用。水资源是一种公共物品,具有很强的外部性,水资源应当具有特殊的定价模式,水价不仅应反映出市场的供需关系,更应强调水资源的稀缺性和水资源的生态作用,突出对水资源的保护。

国外的水价制度中,政府一般不直接参与水价的具体制定,水价往往由市场的供需关系与市场竞争决定或由独立的第三方部门制定,政府一般充当监管者和调控者的角色,防止水价偏离实际。

参考国内外的水价制度,我国的供水价格应当向全成本回收的水价制度发展,并将全成本回收作为原则和基础,这也是当前多数发达国家采用的水价制定机制。全成本回收的水价,一般由资源水价、工程水价、环境水价、利润和税金五个部分组成。资源水价,又称水资源费,体现了水资源的稀缺性,并将其具体反映在水价上;工程水价代表了水资源从自然界中经加工而成为经济物品这一过程中的加工成本;环境水价体现了水资源使用的负外部性,用水主体使用水资源后将其排放到自然界中,对其他用户和生态环境造成了不利影响,环境水价就是为了治理相应的污染、保护环境的目的而要求用水户偿还的代价,其具体反映为污水处理费。①

参考国外经验,我国政府不应当同时充当水价的制定者和执行者的角色。政府对于水价的过度控制容易导致一系列不良后果,如水价与水资源价值的严重偏离、市场调节的失效、垄断行为与腐败滋生等。而且政府掌握的信息往往少于市场,其调控作用会显得滞后且不灵活。水价的形成应当充分利用市场调节的优势,顺应经济学原理。对于水价的制定,建议我国政府以经济增长与环境保护为目的,只制定水价的上限与下限,并在必要的时候对水价进行调控。当前我国水价改革应当以完成全成本回收为方向,在一定期限内,逐步将水价提升至合理的水平。

对于水费的计收规则,我国也应进行改进。以往长期使用的单一计量水价和统一水价体系,极易导致用水的污染与浪费等问题,已经不符合我国水资源管理的发展方向。国外普遍采用的两部制水价、累进/累退水价和季节性水价制度,非常值得我国学习。

水费的计收,应当反映出节约用水、提升用水效率和减少浪费的目的。取水时不仅应当收取取水许可费用,也应按照取水的水量收取水费,考虑区域水

---

① 左其亭,窦明,马军霞.水资源学教程[M].北京:中国水利水电出版社,2008.

资源状况,因地制宜地采取合理的水费计收制度。①

(1)在水利工程供水方面,积极探索超额累进水价、季节性水价等水价制度。对积极节水的用水户,鼓励其将节余水量投入水权交易市场,并可给予一定的奖励;对于超额用水的用水户,可以在实行超额累进水价时辅以一定的处罚政策,对节水形成正向激励。对于不同用途的供水,可以根据其污染程度和用水效率等,采取分类水价。

(2)在城市供水方面,推行居民用水阶梯式水价以及超额累进加价制度。我国城市居民用水的价格仍有相当大的上升空间,目前城市水价的改革应当以促进节水为目标,通过水价的逐步提升,达到与国际相接近(水价不超过居民家庭收入的 3%～5%)的水平,不仅能够回收供水的成本,也应当能够产生一定的利润和税收,并有效地控制居民用水的浪费。建议我国各地根据自身的实际情况,因地制宜地以城市平均用水量为基础制定一个合理的基准水价水平,然后采用超额累进加价制度,或者直接采用阶梯式水价制度,尽快在全国完成城市供水价格的改革。城市用水也可考虑采用分类水价制度,分为生活用水、非生活用水和服务行业用水等,根据节水目标、供水成本和节水难易程度分别采取不同的水价。

(3)在农业水价方面,要坚持回收成本的原则,兼顾农户的经济承受能力,在一定的时间段内将水价逐步回升至应有水平。在改革农业水价时,政府可以对农业水价做出一定的补贴(如农业水费计收时,由地方财政全额或部分支出),并推广农业节水措施,鼓励农户将节余水量投入水市场获取利润,或者对节水给予一定的奖励。

三、改革水权制度

水权制度是水市场运行的基础。界定明晰的水权,能够显著减少水权交易引起的纠纷,同时明确各方的权利和义务。建立先进的水权制度体系,可以保障我国水市场制度的健康发展。我国目前水权制度的改革,主要目的应当在于强化水权的排他性、财产性和可操作性,并允许水权的交易。

---

① 王亚华.关于我国水价、水权和水市场改革的评论[J].中国人口·资源与环境,2007,17(5):153-158.

（一）初始水权的勘定

明晰的水权是水市场制度的基础，而对自身水资源状况的详细掌握又是水权确权的前提。我国政府应当派出勘测人员，详细探查各流域干流和支流、地表和地下的水资源状况，并将数据（包括水量、水质、取水口和水井等）记录在案，为水权制度的确立和水资源的初始分配做好准备工作。对于水权的勘定，建议我国建立一套水资源的评价标准，以便于水资源和水权评定工作的标准化。

由于历史原因，遗留下来的权属不明的水利工程和供水渠道等，可以通过谈判、赎买等方式先完成所有权的收回，再进行下一步的处理，对于其相关的水权，也应经过确权过程并纳入管理。

（二）水权制度体系的建立

建议我国参考美国中西部地区的经验，建立以优先权为主的水权制度。比例水权制度可以作为优先权制度的辅助手段，在必要的时间和地区发挥适当作用。

我国要建立的水权制度，应当是一种统一化的制度，在全国范围或至少在同一流域，应当只建立一种水权制度（若建立两种甚至多种水权制度，不仅要考虑不同水权制度的衔接问题，而且也易导致管理的混乱、重叠，对跨区域或跨流域的水权交易也会形成一定的障碍）。这种制度在流域干流和支流、地表和地下都应得到严格的执行。建议政府在考虑生态环境、尊重用水习惯和历史习俗的基础上，发起水权的确权活动，鼓励用水主体积极参与用水权的申请，以经济社会可持续发展为目标，统筹安排，以水量为基准，制定合适的水权优先序列。而水权优先序列一旦产生，在整个流域范围内的水权排他性随之得到了确立。水权排他性的建立强化了各个主体对水资源使用权的占有，使水资源使用权更容易地进入水市场。水权的各种功能也可以通过排他性的强化而得以实现，达到权责义的统一。而通过将较为重要的居民生活用水、环境生态用水和预留用水设定较高的优先权，在枯水时期也可以使其得到有力的保障。

由于有明确的优先权序列，取水许可制度的不确定性自然得到了克服，而水权纠纷因优先权序列的存在也会大大减少。① 即使随着经济社会的发展，用

---

① 左其亭.建立健全水权制度和水价机制［N］.中国水利报，2015-11-12（6）.

水矛盾不断尖锐,水权的排他性也会自动地发挥作用。

(三)水权的初始分配过程

在优先权制度之下,政府部门完成水权的初始分配后,即可退出水权的水资源分配活动,而将剩余的水资源分配行为完全地交给水权交易与水市场来完成。水权的初始分配要落实到每个用水主体。

(四)水权的确权登记

政府和流域管理部门在完成水权的一次分配之后,应当对分配状况与各个用水主体的水量、水质、用水期限、用途和优先权等做出详细的登记,对获得水权的个体,应当核发具有法律效力的水权证明文件(如取水证明或执照等)。水权信息应当与水权交易平台共享,对经过交易的水权也要有妥善的记录。

(五)水权制度的法律保障

只有当水权制度拥有法律条文作为后盾,才有建立、实施和具体发挥作用的条件。法律对于水权制度的保障,主要从以下 2 个方面来进行。

1. 对水权制度本身的保障

我国应当在法律条文和行政规定中明确"水权"的概念和水权交易的合法地位。当前我国虽然在事实上已经存在一定的水权制度和水权交易的实践,但二者均未在《水法》等法律中得到明确的支持。

水权立法有着以下作用:①使目前的水权确权、分配和水权交易行为得到明确的法律支持;②可以通过立法使水权的确权、分配和水权交易制定规则,使这些行为得到规范;③可以使政府、市场和社会的地位得到明确,限制各方的权力,同时强化政府的宏观调控和市场机制的作用。

2. 对用水户个体水权的保障

对个体水权的保障,其主要目的是保障水权不受其他主体的侵害。建议在我国的法律中强化用水权的财产性质,允许水权像其他财产一样可以租赁、交易、转让和抵押等,并可以对水权持有者征收水权税,同时使水权像其他财产权一样得到保护。对于侵犯他人和公共水权的行为(如过度取水、污染等),应当建立处罚和补偿标准,并严格执行。

法律对水权 2 个不同方面的保障既有区别,又互相联系和支持,是一个主体不可分割的两个部分。

(六)水权的监督机制

水权制度一经确立,则必须得到严格的执行(无论是地表水资源还是地下水资源),所以有必要建立水权的监督机制。其主要包括以下 3 个部分。

1.水量的计量系统

建立水量的计量系统,精确掌握用水户所使用的水权状况,对于城市居民等也应完善其用水量的统计。通过对取用水的统计和实时监测,可以使水管部门把握各部门用水状况,提早发出警告,预防超量用水等行为。同时,计量监测系统的建立也有助于水管部门对各用水户用水的控制和管理,避免侵犯他人水权行为和水权纠纷的产生。

2.违规处罚规则及标准

对于行使水权时产生的违规行为,应当建立一套处罚规则,根据情节和后果的严重性,按不同标准进行处罚。违规行为的受害者也应当从侵权者处得到合适的补偿。

3.执法队伍的建设

水权制度的法律保障,只有通过切实的执法行为才能落到实处。当前,水管部门的执法权力较弱,执法队伍的建设也不够完善。执法部门人员不足、待遇不高、执法任务繁重、执法难度较大和执法装备不够等缺陷限制着执法部门的效能。应当加强对执法部门和执法队伍的投资,有针对性地进行改善和强化,保证其能够发挥有力的执法作用。

四、提高公众参与度

用水户个体对于自身的用水信息掌握程度要明显大于地方政府和流域管理机构,加强用水主体对涉水事务的参与度可以大大提高水权初始分配的效率、使水价的制定反映出用水户的要求。用水主体自身参与对水权交易的管理也能提高交易效率、降低交易成本。因此建议我国建立用水户协会,参与地表与地下水资源的管理。

(一)建立用水户协会的构想

各级用水户协会依托各级地方政府建立,上下级之间为从属关系;各独立用水户中选择 1 名成员参会,根据实际情况,若干用水户之中产生 1 名代表;高级用水户协会成员由低级用水户协会代表之间选举产生,各级代表组成委员会行使权力和职能。

(二)用水户协会职能构想

在行政方面,用水户协会可以促进人民群众积极参与对自身事务的管理,应当能够代表用水户参与水权的初始分配过程、水价的制定过程和涉水行政制度和规定的制定过程。

在水权及水权交易方面,用水户协会可以对自身内部用水户的水权进行分配、制定用水计划,并可主持内部用水户之间的水权交易。

(三)其他配套措施

提升人民群众的参与力度,在我国仍存在着一些基础上的障碍,如群众和社会的观念落后和地方政府的阻力等。解决这些问题,第一是需要加大对人民群众的宣传和教育力度,普及水权、水价和水市场的现代观念和知识,促进人民群众观念的转变;另一方面,用水户协会制度需要获得法律法规的支持和权力的授予,避免政府部门依靠其行政权力阻碍用水户协会的建立和发挥作用,并预防权力寻租、腐败等不良后果。

五、改革企业运营模式

长期以来,我国在公共资源的管理方面常有政企不分的特点,水资源也不例外。政企不分的水资源管理使得我国水资源管理部门结构臃肿、行政效率较低,政府对水资源相关事务的过度管理也会大大降低水权交易的效率,阻碍水市场的良性发展。管理部门大而不精,水资源管理与水市场运行的专业化程度较低,政企不分,都是腐败滋生的温床。

因此,改革我国水资源管理政企不分的状况不仅是顺应时代发展的要求,同时也是水市场制度完善的必然选择。同时,要推进水资源的市场化进程,政府对市场控制的程度也要有所放开,让市场机制在适当的方面充分发挥其作用。

为了促进水市场制度的完善和活跃,对政府管理方式的改革主要有以下 2个方面。

(一)实行政企分离化

政企分离化[①]进程,地方政府和水资源管理部门都是改革的对象。我国政府对国有企业常有的统收统支和计划控制,以及政府和管理部门对企业的直接控制和干预现象对企业的运营方式造成了不良影响,这一问题必须通过政企分离来得到解决。

---

① 黄桂田.政企分离过程的内在机理及演进趋势分析:从地方政府、行业部门角度的考察[J].经济科学,1998(1):76-83.

政企分离的改革不仅需要企业的努力,也需要政府部门的主导,摒弃计划经济留下的弊端,积极向社会主义市场经济过渡。建议政府所属的企业和政府共同制定改革计划,削弱企业与政府互相之间的依赖,促进国有企业的专业化、企业化进程。

在政企分离改革的前期以遏制国企的亏损、维持其稳定为目标,后期则转向企业的盈利。政府应当逐渐减少对企业的财政补贴和公司运营的直接控制,同时政府的税务收入也不应当依赖于国有企业的运营。

(二)适当探索私有化改革

在国外成熟的水权与水市场制度中,水权的私有化和排他性特征非常明显。为了促进水市场的完善和活跃,不仅要强化水权的私有化特征,而且应当在更多方面引入市场机制。

我国有着规模庞大的水利工程设施和供水管网系统,而这些系统大都由国家或国有企业进行垄断式的管理,存在固有的弊端,如从业人员积极性不强、缺乏竞争以及垄断的不良后果,也为政府带来了严重的财政负担。

市场机制的引入可以部分地克服这些问题。建议我国适度探索中小型水利工程的私有化进程,将中小型水利工程和城市供水管网的管理和运营权交由社会企业来承担。社会企业通过竞标获得管理运营权力,而政府为其设定运营目标和规定,甚至可以赋予其适当的水价定价权(在政府调控的范围之内),令其自负盈亏。

获得管理运营权的社会企业,出于其自身的趋利性,对水利工程和供水服务的运营效率与相比缺乏动力和利润追求的国有企业相比将会有一定的提升,其服务质量也应当有一定的改善。同时由于市场竞争的激烈,将会逼迫企业不断改善运营效率,促进水利工程和供水服务的企业化、专业化,其自身的管理模式也将更接近于现代企业的管理模式。

此外,也可以尝试将水价的定价权适当赋予提供服务的企业,这样不仅会促进水价的合理化,而且为企业提供了一定的利润空间,并促进水资源的节约,节余的水量同样可以投入水权交易市场。

对私有化的适当探索,不仅让政府可以充分利用社会资金,也可以将原本投入运营管理的资金节余下来,投入如农业水价补贴等方面。

值得注意的是,应当只对中小型水利工程和部分城市的供水服务进行适当的私有化探索。关系到国计民生的大型工程等,仍然应该由国家和国企进行管理,而政府对市场机制和竞争机制仍然保有行政调控的强制性权力。

私有化也会引起一些如腐败和垄断等问题,需要通过设立第三方的审计和监督机构来进行监督,做到问题的预防和处理。

六、其他措施

(一)加大水利基础工程建设投资

国外能够发展完善的水市场,有一个重要的条件,就是硬件设施的保障。只有拥有完备、通达、可靠的水利工程和输水系统,水权交易才能具体地进行,而落后的提水、蓄水和输水等设施无疑会增大水资源输送过程中的浪费,增加水权交易的成本。

我国应当加大对基础水利工程建设的投资,建设完备的水资源输送渠道;对于农业供水渠道,应当加大投入进行修缮和衬砌,减少农业灌溉中的跑、冒、滴、漏现象,促进节水以为水市场"开源"。

(二)利用政府权力加速推进水市场建设

相比国外的水市场建设过程,我国有着独特的优势,就是政府的特殊地位。

水市场和自由市场具有一定的区别,其本质上是一个"准市场"。我国长期实行计划经济体制,对于"准市场"的运营有着成熟的经验,具有先天性的优势。我国政府可以适当保留成熟的组织结构和运作程序,将其投入水市场的建设运营过程中。政府的调节作用可以和市场机制进行有机的结合,以避免市场机制失灵、预防垄断行为和降低市场风险。

与国外相比,我国政府在政策的执行上也有着独特的优势。我国政府的强势地位可以保证其政策得到坚决和快速的执行。因此,可以适当利用政府的强制性作用,通过制定行政命令、硬性规定等方式,达到快速建立水权制度和水市场的目的。值得注意的是,政府在制定政策前应当经过周密的论证和评价,力图保证政策的正确性,避免决策的失败。

(三)建立独立的交易监督机制

水权交易中包含了资金的流动,因此为了避免腐败等现象的产生,需要设立水权交易的监督机制。

由于政府部门的特殊地位,其应当也是被监督的对象。为了保证监督的公正、可信和有效,监督部门应当独立于政府而存在。

监督部门应当拥有以下权力：①审计水权交易中的资金流向；②审查水权交易双方身份的合法性和水权来源的正当性；③监督水权交易的流程，保证其规范、合法和透明；④监督水权交易中的政府行为；⑤受理群众的举报和申诉；⑥适当的执法权；⑦相关监督信息的公示。

（四）建立水权交易的补偿制度

由于水资源特有的外部性特点，水权交易必然会对第三方产生一定的影响，甚至危害到第三方的权益，因此水权交易的双方有必要对利益受损者做出补偿。反映在水权交易平台中，应当在其中设立投诉渠道和评估机构。

水权交易的潜在受害者可以通过投诉渠道对水权交易进行申诉和提出补偿。当其要求得到受理，则由评估机构对受损程度进行评估，并反馈给交易平台，由交易平台责令交易者对受损方做出经济补偿。

为了保证评估结果和经济补偿的公正，应当设立一套评估依据和赔偿标准，根据受损程度区分等级，并按标准进行补偿。

水权交易对生态环境产生危害的，应当由政府部门或水管部门提出投诉，按评估结果，要求水权交易者做出相应的生态补偿措施。

（五）推广节水技术和设施

农业方面，应当整修灌溉输水渠道、推广节水灌溉技术并控制高耗水作物种植；工业方面，应当以提高用水效率为目标，推广工业节水技术，为企业制定用水限额和相应的奖惩制度；城市用水方面，整修城市供水管网，推广节水型生活用品；社会方面，调整产业结构，限制高耗水、高污染企业的建立和运行。

通过以上措施，实现水量的节余，并鼓励用水户将节余水量投入水权交易市场，通过经济利益对节水产生正向激励，并提高水市场的活跃程度。

（六）配套水权交易平台，建立排污权交易平台

水资源在经过利用之后，大都会产生一定的污染，而自然界水体的水环境容量是有限的，因此也可以将"水环境容量"看成是一定的稀缺性资源。对应于最严格水资源管理制度"三条红线"中"水功能区限制纳污红线"的限制，有必要建立排污权交易平台。

模仿水权交易实践，可以建立排污权交易制度，其过程与水权交易较为类似。首先应当进行水环境容量的量化。随后进行排污权的确权登记。排污权在排污权交易平台中得到流转，以充分利用水体的纳污能力，获取最大的经济利益。

排污权交易平台的设置可以类似于水权交易平台(实体和信息化形式并重,其平台模块设置也类似),其交易原则和交易流程也如出一辙,同时也应配套建立排污权的计量、监督和执法机制,并为排污权交易平台提供经济、技术、行政和法律保障。[①]

七、我国水市场制度发展路线图

根据我国 2016 年之前的水市场建设状况,制定我国未来 15 年的水市场制度发展路线图:①2020 年之前,准备阶段:完成水权的确权登记工作,建立基于优先权的水权制度;形成全成本核算的水价形成机制,实行阶梯式水价、两部制水价、季节性水价等水价制度。②2020—2025 年,试验阶段:完成法律法规的完善工作和部门改革工作,在缺水地区进行水市场的推行和实践。③2025—2030年,推广阶段:完成流域和区域尺度水市场的建立。④2030—2035 年,成熟阶段:建立各个尺度下的水资源统筹管理制度,将流域间水市场进行对接,并在国家层面上形成成熟、活跃、规范的水权交易市场。

随着水权制度的确立和水市场的日臻成熟,我国可以发展水市场的更高级形式。作为自然资源的一种,我国可以探索水资源未来的金融化进程。可以将水权引入更复杂的"期权"概念,发掘水资源的期货价值,并将其投入期权市场。作为特殊的财产权,可以以具体的水资源作为载体,发行"水股票"等证券形式,探索水资源的证券化。可以预见,水权和水市场制度的确立,将使我国的水资源发挥更高的经济价值。

水权制度的确立与水市场的完善是我国水资源管理制度改革的必然选择,积极呼应了新时期治水新思路中的"两手发力"思想。通过改进管理模式等非工程措施,能够达到提高我国水资源利用效率和促进节水的目的,也能使我国的水资源发挥更高的经济效益。水权和水市场制度不仅呼应了我国最严格水资源管理制度"三条红线"的要求,也有力地支持了我国水安全保障工作的进行。

---

① 左其亭,胡德胜,窦明,等.最严格水资源管理制度研究:基于人水和谐视角[M].北京:科学出版社,2016.

第四节　农业水价政策实践总结与分析

　　农业水价是一个涉及多方面利益的问题,包括农民利益、水管单位利益、国家利益等。农业水价改革是在最大化保障农民利益、不增加农民负担的基础上,运用经济、管理等措施,提高灌溉用水保证率、提高农业生产能力,从而可以进一步提高粮食产量、增加农民收入,最终实现节水和保障我国水安全和粮食安全的目标。农业用水是水资源开发利用的重要方面,占全国用水总量的63%左右(2015—2016年全国水平),农业用水关乎生态环境健康、农民生活及国家粮食供应。农业水价改革的进一步完善可以确保水安全保障工作的实施,维持正常的农业生产和生活。近几年来,各省市响应国家号召制定农业水价改革政策,并取得显著成效,但同时还存在亟待解决的问题。

一、国内外农业水价改革实践总结与对比

(一)我国农业水价改革的历程

　　我国的农业水价改革经历了较长的发展过程,姜文来将农业水价改革历程分为三个阶段,起步阶段、推进阶段和综合推进探索阶段。[①] 从建国初期开始,国家针对农业水价的问题,出台一系列的政策文件。1965年,国务院颁布了《水利工程水费征收使用和管理试行办法》,从此展开农业水价改革的相关工作。1982年中央一号文件《全国农村工作会议纪要》中提出"城乡工农业用水应重新核定收费制度",根据发展情况制定与之相符的水价政策,更进一步推进了农业水价改革的脚步。

　　现阶段,农业是我国最主要的产业之一,农业水价在水资源配置与管理中占据重要的地位,意味着农业水价的制定必须规范、合理、使农民满意。1985年,国务院颁布了《水利工程水费核订、计收和管理办法》,提出"农业水费,粮食作物按供水成本核定水费标准,经济作物可略高于供水成本",根据该办法制定了农业水价政策。2002年新修订的《中华人民共和国水法》为农

---

　　① 姜文来.我国农业水价改革总体评价与展望[J].水利发展研究,2011(7),47-51.

业水价改革提供了重要的法律基础,明确了改革方向。2002 年,国家发展计划委员会发布了《关于改革水价的指导意见》,指出要处理好农业水价改革与农民利益之间的关系。

自 2003 年起,国家加大农业水价改革的力度和深度,2003—2005 年先后提出《水利工程供水价格管理办法》《关于水价改革促进节约用水保护水资源的通知》《关于加强农业末级渠系水价管理的通知》,相关的政策颁布与实施进一步推进和落实农业水价改革政策的制定,为农业水价改革的完善提供依据。

近几年,国家更加重视农业水价改革的相关问题。2015 年 3 月,水利部召开干部会议,对农业水价综合改革等工作提出明确要求。2015 年 12 月,中央经济工作会议对加大农田水利建设支持力度实施农业水价改革、推进节水行动计划、建立用水权初始分配制度等工作提出明确要求。2016 年 1 月,国务院办公厅印发《关于推进农业水价综合改革的意见》,要求建立健全合理反映供水成本、有利于节水和农田水利体制机制创新、与投融资体制相适应的农业水价形成机制。2016 年 4 月,水利部印发《水权交易管理暂行办法》。

近几年来,农业水价改革在灌溉用水的水费收取方面取得一定的成效,但根本性问题依然存在。各省市响应国家政策的同时,也根据农业发展的情况,制定相应的农业水价改革政策。农业水价改革的道路上依然存在各种阻碍,农民思想的束缚、水价政策的不成熟、补贴奖励机制的不完善等,这些问题都将抑制水价改革的进行。

(二)国外农业水价制定典型案例介绍

农民负担过重、农业效益过低都是影响农业水价改革的重要因素。合理的农业水价是建立健全的水价机制的基础。美国、日本、法国、澳大利亚、以色列、印度等各个国家的经济发展状况、水资源状况、农业发展比重等因素的不同,导致各国采用不同的水价政策,"因地制宜"是有效发挥政策作用的基础。

1. 美国农业水价制度

受国家政策制度、地理位置、水资源条件等因素的影响,不同区域的水资源的成本和价格各不同。美国东部的水资源较为丰富,实行累退制水价制度。居民生活用水采用全成本定价模式,而对于农业灌溉用水采用"服务成本+用户承受能力"定价模式。由于西部的水资源较为匮乏,服务成本定价模式和完全市场定价模式较为常见。美国的市场化程度较高,每个工程自己制定水价,不同工程水价不同。水费中一般都包括排污费。

美国政府通过多种方式对农民用水进行补贴,主要表现为政策性的优惠。根据联邦法律,一般可以通过 3 种方式获得补贴:①免息,根据 1902 年颁布的《垦务法》,农业水价不包括投资利息,还款期限为 40 年;②根据农民的偿还能力减少偿还义务,根据农户"支付能力"将农民无力承担的成本由财政买单或由投资方通过其他经营收入予以回收;③根据特定情况减少偿还债务的义务。

2.英国的农业水价体系

英国的市场化较为完善,且具有完善的法律体系和法规。常年雨量充沛,水资源量较为丰富,且分布均匀,几乎不需要农业灌溉。水价的制定完全是在考虑用水户的承担能力的基础上,完全按照市场的投入-产出模式进行运作,以确保回收成本,并有适度的盈余,国家制定水价价格的上限,进行宏观调控。英国采用全成本定价模式,其水费由水资源费和供水系统的服务费构成。

3.日本农业灌溉收费办法

日本农业灌溉的骨干工程建设和运行维护费用由政府承担。农户需要对土地改良区的其他农田水利设施的运行维护和管理缴纳相当于水费的"经常赋课金"。大约 90% 的土地改良区按照土地灌溉面积收费,只有不到 100 个土地改良区按照计量收费。根据不同改良区的情况,政府也给予一定的补助。

4.法国的农业水价定价模式

法国的工业化和城市化程度极高,水资源丰富,国家财政具有可以调控水价和对农业水价给予补贴的实力。法国的水价保证成本回收,而且都有盈余。农业灌溉用水的水费采用"服务成本＋承受能力"的定价模式,以水税的形式收取水资源费和排污费,实际上是"全成本＋承担能力"的定价模式。

5.澳大利亚的农业水价政策

澳大利亚的工业化和城市化程度较高,水资源较为丰富。因其比较重视水资源的管理,将水资源分为城市用水和农业水价,农业灌溉用水采用用户承受能力定价模式。具体而言,按照全成本核算水价,不计利润,包括运行管理费、资产成本、税收等。灌溉水价一般根据用户用水量、作物的种类及水质等因素确定,一般实行基本水价加计量水价的两部制水价政策。所有水费全部用于工程维护和运行开支,开支结余全部用于下一年。实际实施过程,水费实收率无法达到 100%,仅占工程维护和运行的 70%。

6. 印度的农业水价政策

印度与我国同为发展中国家,其农业水价改革政策对于我国有很大的借鉴作用。农业为国民经济的主要来源,灌溉用水量非常大,通常采用用户承受能力模式定价。农业用水的水价制定由各邦政府制定,实际的灌溉水费与灌溉工程的运行与维护没有主要的联系。为了减轻农民的负担,规定水费不能超过农民净收入的 50%,控制在 5%~12%。印度对不同作物实行分类水价,由于计量设施不完善等因素,按灌溉面积收取水费。

7. 以色列的农业水价补贴、奖励政策

以色列颁布的《水法》中规定,水资源为公共财产,由国家控制,用于公民需要和国家发展。根据《水法》,实行节奖超罚的农业水价政策,对于用水超过定额的用户收取较高水费,并将收取的超额水费用于奖励节水用户。国家供水水利工程建设全部由国家承担,工程维护国家承担 30%,农民承担 70%。当收取的水费无法负担工程的运行维护时,国家给予一定的补贴。农民自家的节水灌溉设施由农民自己负责,如果资金不足可以向政府申请补助,或者政府担保,向银行申请长期低息贷款。以色列还建立补偿基金,缩小不同地区间的水费差异。

(三)我国农业水价改革实践及其与国外的对比

我国是农业大国,农业水价问题也成为限制发展的主要因素。近几年来,政府选择不同省市为农业水价改革试点,不同省市根据水资源现状、种植结构,采用不同的水价改革措施。纵观各省市改革后的现状及成效,有很多值得借鉴的经验,但还存在阻碍进一步发展的问题。进而需要全方位的认识和探讨农业水价改革的现存问题,采取有效的措施,进一步全面推动农业水价改革的进程,使农业水价改革进入一个新的阶段,达到节水优先的目的,保障水安全,全面建设成节水型社会。农业水价改革的重心为明晰农业初始水权,建立完善的水价机制,制定合理的、农民可承受的水价,建立精准补贴和节水奖励机制,以及建设和维护节水工程设施,进而保障农业用水安全。

1. 宁夏回族自治区农业水价改革试点分析

宁夏自 2011 年开展试点工作后,安排了 10 个试点项目。自治区政府高度重视试点工作的开展情况,严格按照农业水价改革的具体要求,以构建农田水

利灌排工程长效运行机制为目标,多方协调,上下联动。[①] 力求农业水价改革工作稳步开展

根据实际情况,围绕"三条红线"从 5 个方面开展农业水价改革工作,具体措施为:①水资源使用权明晰到户,根据"三条红线"原则,规定用水定额,并将每个区的用水总量控制指标(初始水资源使用权)分配到用水合作组织,进一步根据不同作物、不同面积、不同灌溉定额,推算用水户的初始水资源使用权指标,并找到上级供水点设置末级计量点。设此点为单位用水户,实现用水总量明晰到户,并以户为单位,颁发水资源使用证。②完善水价形成机制,制定合理的试点区水价,根据有关规定和当地的实际情况,最终根据水价监审结果和农民承受能力确定终端水价。以明晰到户的初始水权为第一阶梯,超过初始水权20%以内的为第二阶梯,超过初始水权 20% 以上的为第三阶梯。第一阶梯为基本水价,第二阶梯的超额水量的水价为基本水价的 150%,第三阶梯的超额水量的水价为基本水价的 300%。③制定精准补贴和节水奖励办法,从根本上减轻用水户负担,粮食生产补贴执行水价和核定水价之间的差额,防护林补贴全额水费。从节水 10%~40% 奖励核定水价 1.5~3 倍不等,且对节水量进行水权交易,交易收入的 50%~90% 也用于奖励。④建设更加完善的农民用水合作组织。⑤建设更加完善的末级渠系,为水资源管理及改革提供硬件支撑。

2. 新疆维吾尔自治区农业水价改革试点分析

新疆地域辽阔,资源情况差异比较大。2008 年新疆共有 22 个项目区和 12 个灌区被列为农业水价改革试点项目,2014 年共有 4 个具有代表性的项目区被列为试点县。新疆属于干旱半干旱区域,水资源短缺问题严重,时空分布不均,水资源消耗量大,用水结构不合理,用水效率和效益较低,农业用水量较高。针对这些问题,自治区和试点县从政策、管理、灌区工程改造等方面采取具体的改革措施:①自治区和试点县联同发改委、财政部、水利部与农业部 4 个部门,共同负责制定农业水价综合改革的实施方案。②因地制宜,选出具代表性的 4 个县开展试点工作,如控制地下水问题、了解干旱经济区域农作物的水价调整对农民承受能力的影响、解决常规高效节水的建设和管理模式等。③根据各县的"三条红线"指标和灌溉用水定额,开展农业初始水权分配工作,明确农业用水

---

① 李晓鹏,张建勋.进一步推进宁夏农业水价综合改革的探讨[J].中国水利,2015 (20):27-30.

定额。④结合各地的实际情况,制定合理的水价政策,用经济手段配置水资源以促进水资源的高效利用。⑤灌区末端工程改造是实现农业水价综合改革的物质基础,工程改造可以实现末级工程的规范化管理和准确计量,推进农业终端水价改革。⑥建立节水奖励机制和水权交易平台,激发农民节水的动力。⑦引进社会高科技人才,加强高效节水灌溉信息和智慧农业建设。

3. 甘肃省农业水价改革试点分析

甘肃省是西北地区典型的农业大省,也是西北地区农业水价改革的典型试点。水资源总量少、人均水资源占有量仅为全国的1/4,水资源供需矛盾尤为突出,成为限制经济社会发展的重要因素。开展农业水价改革成为甘肃省水利工作发展的重要环节,甘肃省按照"补偿成本、合理收益、公平负担、逐步到位"的原则开展农业水价改革工作。2014年共有4个县开展农业水价改革试点工作,从明晰水权、健全水价形成机制、推进农田水利设施产权制度改革、建立农业水价奖补机制、推进农业用水合作组织建设等方面展开。

明晰水权是实行总量控制和定额分配的基础,实行超定额累进加价并推行多样化差别水价。在满足农作物灌溉需水的基础上,鼓励用水户节约用水。为了确定合理的水价,详细测算骨干工程和末级渠系供水成本,将折旧费和大修费全都纳入水价成本,部分地区开始计收水资源费,进一步释放农业用水价值。采用政府定价为主、市场为辅的方式,实行终端水价,对定额内用水实行两部制水价、分类水价,对超定额用水实行累进加价制度。多样化水价政策可以改善经济结构和用水结构,进一步完善水价形成机制。甘肃省改革试点区通过财政预算、执行超定额累进加价和差别水价的水费收入、社会捐赠等渠道,建立农业用水奖补机制,鼓励农民发展高效节水农业,将工程措施与非工程措施相结合、农艺节水与管理节水并举,效果显著。① 进一步推进水权交易,建立健全的水权水市场制度,搭建多层次水权交易平台,使农业节水与农民增收相结合,极大地增加农民的节水动力。但甘肃省自身的水资源总量不高,传统的节水方式效果不明显,水权交易市场规模不大。应发展农民合作用水组织,使用水更加透明,提高节水意识。

---

① 胡艳超,刘小勇,刘定湘,等.甘肃省农业水价综合改革进展与经验启示[J].水利发展研究,2016(2):21-24.

4. 湖南农业水价改革试点分析

湖南省水资源总量丰富,居全国第 6 位,但随着经济发展,存在水脏、水少、水多、季节性缺水等问题,同时还存在农业灌溉与生态补水之间的矛盾,提高用水效率成为首要任务。2014 年选取 4 个典型县为水价改革工作开展试点,力求达到:①实行总量控制和定额管理;②全面实行终端计量供水;③完善农业水价政策;④建立精准补贴机制和节水奖励机制;⑤制定鼓励社会资本投入水利建设的有关政策 5 个目标。为了推进农业水价改革,试点成立改革工作领导小组,统筹协调工作。并定期开展培训工作,教育干部认真领会试点县的工作要求。向群众宣传改革的重大意义、政策措施、节水经验等,改变试点县农民的用水思想,切实地推进改革工作的顺利进行。为了更好地实现精准补贴、节水奖励政策,各试点县改善计量设施,配备"光纤+多普勒"的现代计量设施。

5. 山东农业水价改革试点分析

山东省是农业大省、人口大省,农业水价改革在保障粮食安全、维护社会稳定方面具有重要的影响。山东省存在水资源匮乏、经济结构复杂、种植结构多样、农田灌溉水源差异较大、节水工程不完善、计量设施不配套等问题,使农业水价改革面临的困难较大。综合考虑多方面因素,2014 年选取 5 个典型县开展水价改革试点工作。目标是探索适合不同水源、不同区域的可复制易推广的农业水价综合机制体制,明晰农业初始水权,明确水价形成机制,建立有效的精准补贴机制和节水奖励机制。各试点县以相关制度为依据,计算成本,按补偿供水生产成本、农民可承受的费用原则合理确定基础水价,在确保运行成本的基础上,逐步向全成本市场运行目标迈进。试点县将超定额累进加价、水费提价收入作为精准补贴资金来源,对不超过用水定额的用户、节约用水户、不改变种植结构的种粮用水户、项目区农民用水者协会、水利工程公司、用水协会所管辖工程及设备的维修养护等给予补贴。同时出台相关政策,明确补贴资金来源、补贴对象、补贴标准及补贴方案。试点县将利用超定额累进加价水费收入、地下水提价收入、水权转让收入、企业社会捐赠等建立节水奖励基金,对积极采用高效节水技术的农户给予奖励。建设用水合作组织,主要负责工程管护、用水管理、协商定价、水费计费等工作,保障水价改革工作的顺利开展。

6. 我国农业水价改革与国外的对比

与发达国家相比,我国对农业水价的补贴力度较小。发达国家的市场化程度较高,由于地理位置以及水资源的时空分布等原因,发达国家对于农业灌溉的补贴力度较大,采用不计收水费、政府出资修建灌溉设施、不计利润收取水费等方式补贴农民。我国是发展中国家且为典型的农业大国,与印度、以色列等国家情况相似,补贴力度较小,政府只能补贴部分资金维护灌溉设施,水价包含基础水价和维持水管部门正常运行的费用,在一定程度上增加了农民的负担。农业水价的制定和补贴、奖励政策是农业水价改革的关键,关乎农民、水管部门等多方面的利益。

二、农业水价改革存在的问题

自 2014 年水利部银川会议部署启动全国范围内农业水价综合改革试点工作以来,各试点围绕明晰水权、制定水权机制、制定精准补贴和节水奖励机制、建设用水合作组织、工程维护与建设等方面开展工作,三年来(截至 2017 年)取得一定成效。农业水价与居民用水水价相比,较为敏感,涉及多方面利益。而且农业属于弱质产业,收益不高。所以,全国范围内开展农业水价改革仍存在一些障碍,如政策层面问题是农业水价改革过程中必须尽全力解决的问题。各个省市水资源情况不同,经济社会发展水平也不同,各个试点的规定模式产生的效果各异。部分地区没有完全认识到农业水价改革的重要性,南方地区水资源量丰富,北方相对短缺,北方农业水价改革的积极性较高。目前收取的水费远远不能负担水利工程的维护和运行,由于缺少资金投入,水管部门的运行也存在困难。精准补贴和节水奖励机制不完善,应更加明确补贴和奖励的资金来源、对象、标准和方案等,不同区域采用不同的机制。

(一)部分农民对于农业水价改革的认同感较低,水安全意识淡薄

农业与工业、其他产业相比,处于弱势,投入量大,收入较低。这几年随着改革工作的推进,农民的意识已经有所改变,意识到水的商品属性,但是农业水价改革意味着"涨价",农民的承受能力成为农业水价改革的关键。水商品意识不足,水资源丰富地区农民的节水意识不强,水资源浪费现象仍较严重。个别地区的人大代表和政协委员也提议取消收取农业水费,水管单位的工作人员没有及时对用水户宣传水的商品属性和收费政策,导致农民无法从心底里愿意缴纳水费。

自 2014 年起,我国共有 80 个县市开展农业水价改革试点工作,大多数的

省市已经颁布新的农业水价政策,但仍有省市未及时更改现行政策,导致农民意识淡薄、水费收取困难。普及水商品知识、提高农民的水忧患意识,是开展农业水价改革工作亟待完成的群众基础。

(二)农业水利工程水价远低于成本价格,导致水资源浪费现象严重

农业供水成本与水价之间的缺口逐年增大,部分区域的农民水资源费用支出较高。农业水费收取率较低,据统计水费实收率不到80%,水管单位收取的水费仅为成本的30%,大型灌区的现行水价较以往有所提高,但有的灌区水价仅为成本的50%,进而无法负担水利工程的运行与维护,工程老化失修,水管单位入不敷出,农业供水服务质量较差,农业工程状况日趋恶化,影响工程的正常运行,反过来影响用水效益,形成恶性循环。

目前政府已经出台了一些惠农政策,但由于水利工程的公益性特点,无法按照成本制定水价,且长期以来受经济体制的制约,水利工程水价不能按照社会平均成本核定。农业水价与成本之间的矛盾,会严重制约农业水价改革政策的开展与实施。农业水价改革制度的进一步完善,也是水安全工作的进一步落实。

(三)农业灌溉供水计量设施落后,缺乏有效管理

大部分区域的农业末级渠系不配套,导致农业用水的计量手段和量测设施不完善,无法按方计量水费,部分区域按亩收取水费,水费与用水多少无直接关系,导致水资源浪费现象严重,农民无节水意识。缺少配套设施,在一定程度上阻碍了农业水价改革的进程。

农业供水管理层次较多、较为复杂,水费收取不规范,乱收费、乱加价现象严重,农民实际用水成本较高,农民承受能力较低,不利于水费的收取。水利工程由政府投资建设,政府指派人员管理,但是管理过程中仍存在问题。管理人员专业素养不高,无法及时传递水利设施情况,无法及时查找到工程投资情况等。设施的不完善和管理问题会加大农业水价改革的困难程度。

(四)农业灌溉用水投入资金不足,导致补贴和奖励机制不完善

精准补贴和节水奖励在一定程度上可以鼓励农民节约用水,激发农民节水的动力,改变农民对水费收取的老旧观点。但是补贴和奖励的资金量较大,通常情况下政府难以维持。农业供水设施由于长期磨损需要经常维护,并且完善设施也需要资金的补助,虽然政府会对水利工程进行补偿,但是相关费用无法

长期有效补偿还会加剧水管单位的运营困难,加剧了农业水价改革工作的困难。

精准补贴和节水基准是农业水价改革的重中之重,然而由于其较为烦琐和复杂,独立性太强,实施过程中的效果不明显,建设和管理机制是改革措施可以顺利实施的保障,这些都有待于进一步探索和加强。全面推行农业水价改革工作,补贴资金量过大,政府难以维持改革工作的推进。

第五节　关于我国农业水价政策制定的建议

2016 年国务院办公厅发布的《关于推进农业水价综合改革的意见》中,从 3 个方面提出了改革的具体措施:①夯实农业水价改革基础;②建立农业水价健全机制;③建立精准补贴和节水奖励机制。农业水价关系到农民收入,关系到国家粮食安全,也关系到社会稳定和持续发展。考虑农民的可承受能力,制定农业水价,使农民公平、公正的负担水费,增强农民的节水意识和主观上的节水动力,科学用水。农业水价改革是为了告别以前的粗犷管理方式,向精细化管理转变,实现真正意义上的管水。用价格杠杆原理合理地调节国家、企业和农民三者之间的关系,用经济手段实现科学管水、用水。农业水价改革从维护农民利益角度出发,节水减支、减轻农民负担。

总结从农业水价改革开始到目前的试点的改革方案措施,措施实施以来取得的成效和遗留的还未解决的问题。总结经验,在现有的解决问题的方法上找出突破口,为进一步研究提供基础。改变以往千篇一律的改革措施,因地制宜,针对不同的区域环境、水资源情况、经济社会发展水平制定与之相符的改革政策,最大化的维护农民利益。扩展融资渠道,仅靠政府的扶持还无法满足改革的资金需求,修建和维护水利工程设施是农业水价改革可以顺利进行的基础,避免供水过程中不必要的浪费。多方面融资可以负担一部分的补贴和奖励资金,避免产生政府无法承担足够资金的现象。

一、加强农业水价改革基础

农业水价改革较为复杂,涉及农民、水管单位、国家等多方面的利益。建设农田水利体系、完善计量设施、确定初始水权等都是进一步开展农业水价改革的基础,是农业水价改革工作可持续进行的先决条件,农业水价改革必须夯实这些基础。对此,建议加强末级渠系管理维护,完善供水计量设施,建立完善的水权制度,探索创新型农业灌溉终端管理模式。

(一)管理维护末级渠系

支渠及以下末级渠系以前由集体管理、维护,农村实行家庭联产承包责任制以后,末级渠系没有具体的管理措施,形成无人管理的局面。由于无人管理,末级渠系破损严重,大部分水利工程无法发挥其自身作用,田间无计量设施,农民随意挖土、取土,造成渠道被破坏、工程效益倒退、用水浪费现象严重。

管理维护末级渠系是农业水价改革的基础,首要任务是维护好末级渠系,加快末级渠系节水配套改造。发挥市场在资源配置中的决定性作用并更好地发挥政府的作用,社会融资、政府财政补贴,投资完成末级渠道衬砌、修建渠系配套建筑物、铺设管道、改造泵站,达到改善灌溉条件和提高用水效益的目的。这些工程都可以极大地改善灌溉条件,方便灌区群众的日常生活和生产,降低灌溉成本,不仅可以优化灌区的种植结构,而且还可以进一步发挥工程效益。

加大政府对农民用水者协会的政策引导和扶持力度,小农水资金、"民办公众"补助等各项水利资金优先投入到用水者协会中,并引导农民筹劳筹资参与到水利工程建设中,吸纳各种社会资金。加快建设农民用水协作组织的建设,明确组织的责任、组建程序和各项规章制度,按照公选会长、公众决策、公开收支的原则进行管理,强化组织的服务质量。在灌区公开招聘基层管水人员,用合同的方式约束双方的权利义务,明确职责任务和奖惩规则。

(二)完善供水计量设施

告别过去的按亩收费,完善供水计量设施,按方收费,用多少收多少。细化计量单位,新建、改扩建工程要同步建设计量设施,还未配备计量设施的工程要抓紧配备配套的设施。各个区域政府要根据自身情况,在用水效率低、用水矛盾突出的地区,及农村土地流转集中、高附加值经济作物灌区,应加快供水计量设施的建设。尽可能全面完成各个灌区的供水计量设施建设,大中型灌区骨干工程要实现斗口及以下计量供水,小型灌区和末级渠系根据管理要求细化计量单位,使用地下水灌溉的要计量到井,高效节水灌溉项目要计量到户。

工程建设要与骨干灌溉工程相衔接,并与田间工程相匹配,统筹考虑排水系统,达到末级输、配水渠系完好畅通,各类渠系建筑物和灌溉设施配套齐全,田间地面灌溉工程应满足节水灌溉的要求,末级渠系水利用系数达到 0.75以上。

(三)建立农业水权制度

以最严格水资源管理制度中的"三条红线"为标准,逐步建立农业用水灌溉总量控制和用水定额控制。首先明确县级用水总量定额,在此基础上确定灌区用水总量定额,再进一步确定农民用水者协会总量定额,最后根据种植面积、种植作物种类尽可能确定每一户用水定额。落实到具体水源,明晰水权,实行总量控制。农民用水协作组织向每个用水户颁发"水证"(每户的定额用水量),定额管理。定额内剩余水量,农户间可以相互转让或下一年使用,如图 4.3 所示。在满足农民用水需求的情况下,节约水资源,也节约了用水费用,提高了农民的种粮积极性。

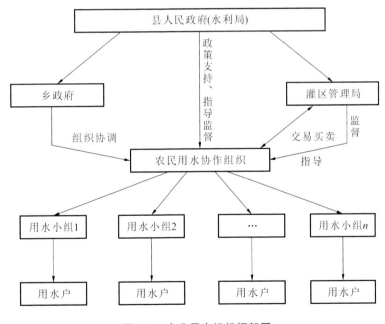

图 4.3　农业用水组织框架图

(四)探索终端用水管理方式

鼓励发展农民用水自治、专业化服务、水管单位管理和用水主体参与等多种形式的终端用水管理形式。政府应在政策和资金上支持发展创新农民用水协作组织,充分发挥用水合作组织在工程建设、管理、维护,制定水价、用水管理、计收水费等方面的作用,逐步建立农民全程参与的农田水利工程立项、建设、监督、管护的制度。积极推广政府购买服务方式,在确保工程安全、公益属性不变的情况下,推动专业化灌溉服务公司,为用水户提供专业化的灌溉用水服务。拓宽农田水利融资渠道,放低门槛,在尊重农民利益、保障投资者权益的基础上,通过合资、独资、联营、租赁、捐赠等途径,采用 PPP 模式、政府购买服务、委托运营等,吸引社会资本积极参与农田水利设施的建设与管护。

二、合理制定农业水价

农业与工业以及其他行业相比利润较低,相对处于弱势,制定水价首先要充分考虑农民的利益。合理的农业水价是农业水价改革的关键,也是保障粮食产量的关键。对此,建议首先分析农民对水价的承受能力,然后按照价格管理权限进行水价分级管理,再由政府财政部门制定标准。加大政府对农业终端水价的成本监审力度,推行分类水价和超定额累进加价制度,建立健全农业水价形成机制。

(一)农民水价承受能力分析

农民承受能力大小决定着农业水价改革力度与进程。研究分析农业用水户对水价的实际承受能力及对农业水价改革的反应,对制定合理的农业水价政策具有重要意义。农民承受能力是制定水价的一个重要指标,水价只有在农民承受范围之内,农民才有支付意愿,如果超出承受范围,将会引发一系列的矛盾。可以通过实地调研考察和调查问卷等形式进一步确定农民的支付能力和支付意愿。

调查研究内容主要包括以下 6 个方面:①农户家庭的基本情况,农民的年均纯收入,要特别关注农村的超低收入农民;②农民种粮投入与产出情况;③目前的灌溉用水量和水费支出情况;④目前采用的节水设施;⑤农民对现行农业水价政策、制度的看法;⑥介绍农业水价改革后给农民带来的利益,询问农民的支付意愿。最后根据调查研究的结果,分析农民的承受能力和支付意愿,制定出合理的水价政策。

农民对农业水价的承受能力受多方面因素的影响,不单单只与农民的收入有关,其中最主要的因素是农民的心理承受能力。农民的心理承受能力与家庭总收入、农业生产规模及收入有关,如果农业收入占总收入越小,农民对水价的心理承受能力越小。农民关于收取的水费的用途还存在一些偏差,潜意识认为收取的水费仅用于水管单位的建设,未用于农田水利工程的建设。宣传教育在这一环节必不可少,只有让农民意识到水费的本质和真正用途,才能提高农民的心理承受能力,更愿意缴纳水费。

(二)农业水价分级管理

农业水价按照价格管理权限分级管理。大中型灌区骨干工程农业水价原则上是由政府制定,具备条件的可由供需双方在公平合理的情况下,按照有利于促进节水、保障工程良性运行和农业发展的前提下,进行协商定价。大中型灌区末级渠系和小型灌区工程的农业水价,可由政府定价,也可协商定价。

省属、跨州、跨市、跨区水利工程及黄河、长江等水利工程水价由省价格主管单位制定水价;州、市属,跨县、市、区水利工程水价由州、市价格主管单位制定;县、市、区属水利工程水价由县级价格主管单位制定。农业终端水价由县级主管单位负责制定和管理,可由政府定价,也可协商定价,按照各地区的实际情况选择实际的定价方式。

(三)加强农业终端水价成本监审

农业终端水价是农民缴纳的用于灌溉的最终用水价格,是运输过程中累积的供水成本费用,由政府的财政部门制定、批准并实施。农业终端水价采取全成本定价模式,包括:资源成本、工程成本和环境成本 3 个部分。计算如下:

$$P = R + W \qquad\qquad (4\text{-}1)$$

式中,P 为农业终端水价,元/亩;R 为资源成本,元/亩;W 为环境成本和工程成本,元/亩。

(四)推行分类水价

区分粮食作物、经济作物、养殖业等用水类型,在终端水价环节,应执行不同水价。经济作物分为一般经济作物、高附加值经济作物等,其水价应高于粮食作物。对于不同种植作物,公式(4-1)中的单方水成本 R 和 W 都不相同。根据地区的具体情况,政府价格主管部门在农民承受范围内制定合理的水价。

在核定农业水价时,要综合考虑供水成本、运行维护费用、水资源稀缺程度和农民承受能力等多方面因素。实行分类水价时,粮食作物水价最好能补偿运行维护费用,经济作物、养殖业和其他用水行业要考虑用水量、生产效益、地方农业发展等政策性因素,最好能达到补偿用水成本并适当盈利的目标。

(五)推行超定额累进加价制度

明晰水权、确定用水定额是推行超定额累进加价制度的基础,建立"多用水多缴费、少用水少缴费、节约用水得补贴"的制度。在满足灌溉用水量的基础上,科学地确定种植作物的定额用水量。对超过定额的地表水和地下水按照比例加价收费,比如,超定额 10%(含 10%)以内的部分加价 20%,超定额 10%~30%(含 30%)的部分加价 40%,超定额 30%以上的部分加价 70%。对于农业灌溉超额使用地下水,超额的部分每立方米应加收不低于 0.5 元的水资源费,具体的水资源费视各区域情况而定。

从供水者角度和用水者角度进行分析,可以分成以下 2 种模式。

模式 1:灌区供水紧张,农业用水需求较强(供小于求)。

此种模式适用于甘肃、新疆、宁夏等种植经济作物、水资源相对不足的区域。根据"三条红线"制定农业用水定额:定额内,水价按照资源成本进行制定;超过定额,累积加价收费。工程成本和环境成本费用由国家承担,节水奖励由灌区进行补贴(按照水价进行奖励)。灌区可以将节水量进行水权交易,转让给其他行业、地区。从用水户角度,水费较低,浇灌可以提高作物产量,增加收益,节水也会产生相应的收益。从灌区管理局角度,收取的水费和水权交易收益可以满足灌区的正常运行并有一定的盈利。水利工程的建设及维护费用全部由国家承担。

模式 2:灌区供水充足,农业用水需求较少(供大于求)。

此种模式适用于水量丰富的南方地区。根据"三条红线"制定用水定额:定额内,水价按照资源成本进行制定;超过定额,按定额水费价格收取或在定额水费的基础上增加一部分工程成本和环境成本费用收取水费。用水户的节水部分的水费收取全部由国家承担。但节水部分可以进行水权交易,转让给其他行业、地区,交易的全部收益都归国家所有。水利工程的建设及维护费用全部由国家承担。

以上 2 种模式的根本目的是保障农业生产,将水资源综合利用效益达到最大化,节约用水,保障水安全。多样化的水价结构有利于经济结构和用水结构的调整。也可以激发农民的节水意识和节水动力,在满足灌溉用水的同时,节约用水既可获得补贴,也能进一步提高用水效率。

三、采用经济手段调控农业水价

农业水价改革是水资源优化配置、促进节约用水的有效手段,国家希望通过农业水价改革这种经济手段,打破种田缺水、浇灌浪费的现象,使农民养成节水意识,并保障农民的根本利益。对此,建议通过加大公共资金投入、引导金融机构融资、加强社会资本合作的方式,多渠道筹集补贴和奖励资金,建立完善农业用水精准补贴和节水奖励机制,利用非工程措施推进农业水价改革,保障国家水安全。

精准补贴和节水奖励是加大水价调节杠杆、减轻农民负担、增强农民节水意识的重要手段,也是保护用水户、维护水管部门利益的必要措施。县级行政水管部门应同发改委、财政部门、农业部门,在分析节水成效、调价幅度、财力状况的基础上,按照"谁用水、谁节水,补贴谁"的原则,科学地确定补贴对象、方式、标准、环节和程序,补贴标准按照用水成本与维护成本之间的差额确定,在不增加农民负担的前提下,保障农民的合法用水权益。

(一)建立农业精准补贴机制

补贴机制在于减轻农民负担,鼓励农民节水,但补贴的原则是不能降低水价对农民用水的约束和调节作用,而且还要满足国家的"三农"政策要求。补贴资金可以通过收取的超定额水费、水权转让收入、政府出资、社会捐赠等方式筹集。用水户按季度或年向政府提交补贴申请,政府审核后,按季度或年发放补贴资金。用"明补"代替以前的"暗补"方式,将补贴资金直接打到农民卡里,补贴资金在次年5月底以前要全部兑现给农民。

根据不同的种植作物,补贴制度也不相同。防护林补贴全额水费,粮食作物补贴相对较高,高附加值经济作物农业不予以补贴。具体的补贴资金由各区政府按照实际情况制定,或与农民协商确定。丰水年,补贴改革前后实缴水费差额的50%;遭遇严重干旱的年份,补贴改革前后实缴水费的全部差额。

(二)建立节水奖励机制

建立健全易操作的、农民用水户普遍接受的农业用水节水奖励机制,奖励标准由各个区域县级政府根据实际情况确定。根据每个用水户的定额用水量与实际用水量之间的差额,来确定具体的奖励资金。节约的每立方水的奖励资金由县级水管部门确定,节约的水量可以在用水户之间进行水权交易,交易的全部收入归用水户所有,但交易相关内容需向县级水管部门报备。奖励资金的计算如下:

$$M = (R - Q) \times \omega \tag{4-2}$$

式中,M 为奖励资金,元/亩;R 为每个用水户的定额水量,m^3/亩;Q 为每个用水户的实际用水量,m^3/亩;ω 为节约每立方水的奖励金额,元/m^3。

用水户之间的水权交易,每立方米的交易金额不能超过农业用水的终端水价,节水用户不仅可以获得水权交易所得,而且还可以获得县级政府给予的节水奖励资金。奖励资金不经任何渠道的流转,直接打入节水用户的银行卡里。用户按季度或年向县级水管单位提交奖励申请,说明节水金额和是否进行水权交易等,水管部门审批后,在申请后的第二个季度末或第二年的 5 月底前将奖励资金发放到农民的银行卡里。

(三)多渠道筹集农业精准补贴和节水奖励资金

目前仅靠地区县级政府的补贴资金远远无法负担补贴和奖励资金,需要国家财政拨款和社会的捐赠才能使补贴机制和奖励机制持续的实施。各个地区要根据农业水价改革的需要,多方面、多渠道筹集补贴和奖励资金,中央政府和财政应给予一定的支持,如在中央或省级财政安排公益性的水利工程设施维修和养护经费、农田水利工程设施维修和养护经费、水资源费和有关农业水价奖、补资金等经费周转资金,统一用于农业水价改革的精准补贴和节水奖励。

农业水价改革在农民的意识里是变相的"涨价",只有补贴和奖励政策持续实施,减轻农民的一部分负担,才能使农业水价改革持续实施。从目前情况来看,改革试点期间筹集到的资金可以满足试点改革工作的正常运行,但是如果改革工作全面展开,地方政府无法负担资金,资金不足成为改革的难题。必须加快构建多元化的融资体系,保障农业水价改革所需资金。主要融资渠道有 3 种:加大公共财政资金的投入、引导金融机构投入资金和加强社会资金的投入。

1. 加大公共资金的投入

我国财政资金最适宜的投资领域其中之一就是公共基础设施投资领域,农业是关乎国计、民生的产业。农业水利工程设施具有公益性、公共性、不可分割性,其投资属于对基础性项目的投资,市场机制在这方面无法发挥更好的作用。政府应成立一个专门针对农业发展投资拨款的部门,县级政府可以向该部门提交拨款申请,国家应尽快给出审批结果。拨款到地方的资金必须有专门部门的人员看管和使用,账目要做到公开、公正,如若发现资金流向不明,必须彻查到底,以确保该资金全部用到农业设施建设中。

2. 引导金融机构融资

鼓励和引导银行信贷、融资租赁公司等金融机构对农业基础设施建设和补贴、奖励政策的资金投入。加大农业发展银行对种粮县区的资金投入,各个县政府统计本区域的种植结构,统一报给该地区的农业发展银行。当银行对农业建设提供资金支持时,应提高对种粮地区的资助比例。当农民向银行提出贷款需求时,银行可以降低贷款利率,延长还款期限,以示对农业改革的支持。这些措施在一定程度上都可以减轻农民的还款负担,也有利于农民更好地发展农业,使农民倾向于种植作物而不是外出务工。

3. 加强社会资本的投入

农业的水利工程建设在政府的引导下,可以采取 BOT、BT、PPP、项目代建制等多种方式吸引社会资金的投入。政府可以出台优惠政策,引导社会资金投入建设水利工程设施,缓解政府资金不足的压力。当政府资金充足时,可以出资将水利工程移交给政府,既缓解了修建资金不足的现状,又完成了水利工程设施的基础建设,是一举多得的措施。

第六节　我国水资源管理制度实践总结

一、我国水资源管理的发展历程

自古以来,人类为了生存发展,与水的接触必不可少。为了更好地利用水资源,更快地促进经济社会发展,减少对水资源的影响或避免水资源对人类的不利影响,水资源管理从制定到进一步完善,经历了多个阶段。我国的水资源管理共经历了:初级阶段、发展阶段、快速发展阶段及现代水资源管理形成阶段。[1]

(一)初级阶段

从人类开始接触水一直到 20 世纪中期,经历了一个漫长的过程。历史上,为了管理航运、治理洪水,设立了管理水系与河道的总督机构。民国时期,设立的扬子江水利委员会、黄河水利委员会、华北水利委员会等水利机构,是我国水资源管理的雏形,为今后的水资源管理奠定基础。

(二)发展阶段

20 世纪中期,中华人民共和国刚成立,百废待兴,随着科学技术的进步,人

---

[1]　左其亭,马军霞,陶洁.现代水资源管理新思想及和谐论理念[J].资源科学,2011,33(11):2214-2220.

们已经意识到水利的重要性。为了满足经济社会发展对于水资源的需求,该阶段修建了大量的水利工程,对地方的发展具有很大的促进作用。随着对水资源开发利用的不断深入,水资源管理也逐渐完善。

(三)快速发展阶段

20 世纪 70 年代,响应国家改革开放的战略措施,各地加快经济发展,将生产力放在首位,通过经济发展摆脱落后的局面,随之水资源大规模开发利用。同时也伴随着用水紧缺、洪涝灾害、环境污染等相关问题,协调水资源开发利用、经济社会发展、生态环境三者的关系成为水资源管理的重点。

(四)现代水资源管理形成阶段

20 世纪 90 年代,随着科学技术的不断发展、现代理论思想在水资源管理中的实践应用,水资源管理不断完善。但由于人类活动的影响和城市化进程不断加快,出现了一系列的水资源问题,水资源管理面临"挑战"。该阶段先后提出人水和谐思想、最严格水资源管理制度、水生态文明理念等管理思路。

二、我国水资源管理存在的问题

至 21 世纪 10 年代,我国水问题依然十分严峻,而现行的水资源管理还不能完全应对各种水问题,管理体系、政策法规、关键技术等方面仍有待于完善。中华人民共和国成立初期,国家为适应经济社会的发展,大力修建水利工程,水资源开发、利用及保护方面颇具成效。随着经济发展,出现的水问题越来越严重,国家开始更加重视水资源管理工作。1988 年颁布我国第一部水法,1996 年颁布水污染防治法,2002 年重新修订和颁布水法。虽然水资源管理工作井然有序的进行并取得一定成效,但是我国的水资源管理仍存在一定问题,需要进一步完善。

(一)水资源管理水平仍较落后,体制有待于进一步完善

随着经济社会的不断发展,市场经济不断发展和完善,工业、农业需要大量用水,但是部分地区用水量管理方面仍存在严重问题。比如,农业、工业水资源浪费现象严重,农业为用水大户,但是灌溉方式还采用老旧的漫灌方式,农田有效灌溉系数与发达国家相比有很大的差距;水利工程建设还处于"有人建,没人管"的状态,水利设施老旧、失修,无人进行维护;水管单位"无人干活",缺乏人才,同时也缺少管理资金;地下水的开发缺少相关的明文规定,造成地下水严重

超采、污染严重的现象；管理落后也对防洪工作造成威胁。

（二）水资源管理还未充分发挥市场作用

水资源经过水厂的多道程序处理、通过供水管道流入千家万户，水资源显然应成为一种商品。然而，在部分人的意识中还存在"水资源是取之不尽、用之不竭的"想法，造成水资源浪费现象严重。水价改革不到位、水价形成机制不完善、水价过低是导致目前部分用水户无节水意识的主要原因。收取的水费远不及供水成本，供水单位承受较大负担。目前，水资源浪费现象严重，无法合理地优化配置水资源，制约经济社会的发展。水资源管理政府还处于主导地位，缺少市场的参与。

（三）水资源污染严重局面没有根本扭转

工业、农业、生活废污水未达标排放，造成河流污染、湖泊藻类暴发式生长。水体受到污染，鱼虾类生物绝迹，这一现象的出现使人叹息。水资源遭受污染，使经济社会发展受到制约，也给流域造成一定的生态损伤和经济损失。

（四）全民节水意识仍不强

部分用水户节水意识淡薄，只知道利用水资源，思想还停留在水资源是可再生资源，没有必要节约。人们生活水平不断提高，用水量也在不断增多，但是应对这一问题多数人喜欢开源这一解决办法，却在节流方面做得不足，缺乏对节水的深刻认识。节水是可持续发展的必备方针，是具有深远意义的国家战略措施。

第七节　关于我国最严格水资源管理制度实施的建议

一、最严格水资源管理制度的主要内容

2009年1月，全国水利工作会议上提出"从我国国情出发，必须实行最严格的水资源管理制度"，这是我国首次在全国范围内提出实施的最严格水资源管理制度的构想，从此拉开实施最严格水资源管理的帷幕。

（一）最严格水资源管理制度的概念

由于最严格水资源管理制度提出时间不长，多数专家学者都在研究其体系

构建、考核标准及具体落实等方面，也有其概念的相关讨论。2013 年，左其亭等给出如下定义：最严格水资源管理制度是一项国家管理制度，它是根据区域水资源潜力，按照水资源利用底线，制定水资源开发、利用、排放标准，并用最严格的行政行为进行管理的制度。[①] 最严格水资源管理制度是一项国家制度，可以运用经济、法律、管理、科学技术等手段进行管理，以最严格的管理和控制约束水资源开发利用。

（二）最严格水资源管理制度的核心内容

最严格水资源管理制度的核心内容是落实"三条红线"、建立"四项制度"。

1."三条红线"

"三条红线"是相互联系的一个整体，是一项全面解决水问题的系统工程，不是偏向某一方面。[②] "三条红线"意味着不能逾越，具有法律约束。

"三条红线"分别从取水、用水、排水 3 个方面约束水资源开发利用行为，是根据我国目前的水资源情况、开发利用情况以及经济社会发展对水资源的需求制定的。从"用水总量控制""用水效率控制""排污总量控制"3 个方面划定管理控制目标，通过对水资源的合理、高效利用和节约保护，实现人水和谐目标。

2."四项制度"

"四项制度"是在"三条红线"的基础上进一步细化制定的，保障"三条红线"可以顺利有效的实施。"四项制度"包括用水总量控制制度、用水效率控制制度、水功能区域限制纳污控制、水资源管理责任和考核制度。水资源管理责任与考核制度是实现前三项制度的基础保障。只有在明晰责任、严格考核的基础上，才能发挥"三条红线"的约束力，实现该制度的目标。

（三）最严格水资源管理制度的实施目标

实行最严格水资源管理的最终目标是实现人水和谐。为了实现该目标，在 2012 年国务院颁布的《关于实行最严格水资源管理制度的意见》中，分别从"三条红线""四项制度"方面制定了相应的短期、中期、长期目标，以确保最严格水资源管理制度顺利实施。

---

① 左其亭，李可任.最严格水资源管理制度理论体系探讨[J].南水北调与水利科技，2013，11(1):34-38，65.

② 左其亭，胡德胜，窦明，等.最严格水资源管理制度研究：基于人水和谐视角[M].北京：科学出版社，2016.

1.“三条红线”

2012年国务院颁布的《关于实行最严格水资源管理制度的意见》中，采用“全国用水总量、万元工业增加值用水量、农田灌溉水有效系数、重要江河湖泊水功能区水质达标率”四项指标考核“三条红线”，并划定了短期、中期、长期目标。

2.“四项制度”

总体目标是建立并完善“四项制度”各项制度分目标。[①]

(1)建立并完善用水总量控制制度，主要包括：①科学制定主要江河流域水量分配方案、流域和区域取用水量制度控制方案；②建立并完善水资源统一调度制度。

(2)建立并完善用水效率控制制度，科学制定用水效率控制标准和控制方案。

(3)建立并完善水功能区限制纳污制度，科学制定水功能区限制纳污控制方案。

(4)建立并完善水资源管理责任和考核制度，科学制定水资源管理责任、考核具体指标和方案。

二、实施最严格水资源管理制度存在的关键问题

(一)理清“三条红线”之间的关系

“三条红线”各有侧重，缺一不可。用水效率控制红线是实现用水总量控制和水功能区限制纳污控制红线的基础，也是重要保障。“三条红线”分别侧重水量、用水效率、水质三个方面，对水资源开发利用进行全过程控制。理清“三条红线”之间的关系对于最严格水资源管理制度的实施具有重要意义。

(二)完善“三条红线”量化体系方法

最严格水资源管理制度提出之后，许多专家学者对“三条红线”的量化进行了研究，但大多只是基于实践的具体量化指标研究，仍缺乏完善的“三条红线”量化体系研究。完善的“三条红线”指标体系和量化方法研究对于最严格水资源管理制度的有效实施具有重要作用。

---

① 国务院新闻办公室.中共中央国务院关于加快水利改革发展的决定[EB/OL].[2011-01-30].http://www.scio.gov.cn/xwfbh/xwbfbh/2011/0130a/xgzc/Document/854358/854358.htm.

(三)科学支撑体系建设

与传统的水资源管理制度相比,最严格水资源管理需要更多的科技支撑。由于最严格水资源管理制度提出时间相对较短,还需要对科技支撑体系投入更多的建设,如加快基础水文信息数据的观测和采集,加快建设全国范围内的河湖水系连通网络,加快基于水循环理论的用水总量分配和控制模型的研究,加快节水型生产工业、节水灌溉技术、节水器具的推广等。[①]

(四)保障体系构建

最严格水资源管理制度需要更加完善的保障体系提供支撑,目前的许多保障体系仍需要进一步完善或重新制定。如加强国家水资源管理系统建设,建立水资源管理及考核体系,加强水政执法力度,完善水资源管理投入机制等。

三、实施最严格水资源管理制度的建议

最严格水资源管理的实施是一项任重道远、十分艰巨的任务,需要采取强有力的对策,保障水资源管理制度得以顺利实施。

(一)严格落实最严格水资源管理制度

加强最严格水资源管理制度的实施力度,将最严格水资源管理制度当成一项国策,让"三条红线"成为刚性约束,不能逾越半步。同时加强相关法律的建设,根据有关政策文件、落实最严格水资源管理的相关要求,适当地修订水法的相关内容。对于违反最严格水资源管理制度要求的行为严惩不贷。

(二)合理确定指标,完善考核制度

根据"三条红线"的要求合理确定指标,考核指标是考核制度的基础。各级政府、各水管部门、统计部门需要全面完善用水量统计,确定合理的用水指标标准。通过建立水资源管理制度考核社会参与机制,搭建水资源管理网上互动平台,逐步将公众评价纳入最严格水资源管理制度考核中来。[②]

(三)强化考核支撑,提高能力建设

提高全国范围内的监控能力,持续推进最严格水资源管理的精细化、系统化、严格化建设。各地要落实国家的水资源监控能力项目建设的实施工作,逐

---

①　左其亭,胡德胜,窦明,等.最严格水资源管理制度研究:基于人水和谐视角[M].北京:科学出版社,2016.

②　陈红卫.公众参与水资源管理机制的研究探索[J].治淮,2014(12):17-18.

步完善水资源监控能力建设。提高基层的管理能力建设,通过相关考核制度加快最严格水资源管理制度的实施步伐。

（四）加强部门之间的沟通,建立协作机制

最严格水资源管理制度的实施需要各个部门相互配合,各尽其职,相互沟通,资源共享,才能确保水资源管理工作的顺利实施。深化水资源管理体制改革,强化流域统一管理和水务一体化管理,统筹取水、供水、用水、节水、耗水、排水、污水处理与回用等工作,实现对水资源全方位、全领域、全过程的统一管理。① 加强政府在水资源管理中的领导作用,建立联席会议制度,通过管理制度的有效实施促进水资源保护和节约工作的开展。

① 闫冬,孙昱.浅谈最严格水资源管理考核存在的问题及建议[J].湖南水利水电,2016(1):8-10.

第五章 水安全保障非传统水资源利用

第一节 非传统水资源利用的管理模式介绍

水资源在自然界中以多种形式存在,长久以来,人类只关注较为廉价易得的地表及地下水资源的价值,对水资源的利用也往往局限于此。随着用水矛盾的尖锐化,传统水资源的稀缺性凸显,其利用难度也逐渐提升,受限于传统水资源有限的储量,必须大力推进节水工作。但是,真正解决我国面临的水安全问题,不仅需要"节流",也需要"开源",节流与开源并举。充分利用非传统形式的水资源(如雨水、空中云水、海水和城市污水等),能够为我国提供更多样化的水资源利用途径,提高我国的用水效率,不仅相当于"增加"了水资源储量,还可以使以往任其浪费的非传统水资源发挥更大的经济效益。此外,其缓解水旱灾害、改善生态环境的作用也不可忽视。因此,推行非传统水资源的利用是解决我国用水矛盾的重要途径,也是我国水安全保障工作的重要组成部分。研究非传统水资源利用的管理模式,不仅能够支持我国水安全保障工作的稳步推行、提升我国非传统水资源利用和管理的效率,还有助于我国在利用非传统水资源的过程中获取可观的社会和生态效益。

我国的自然环境与气候模式较为特殊,在非传统水资源利用方面具有极大的潜力。但我国关于非传统水资源利用的相关研究和实践发展较晚,尚处于起步阶段。迄今为止,只有为数不多的几个城市(如北京、西安、大连等)建立了初步的非传统水资源利用系统,然而其效果仍相当有限,与国外许多先进国家存在一定的差距。与水市场类似，非传统水资源的高效利用和管理不仅需要社会的积极参与，也需要政府的宏观调控，充分发挥市场机制与政府行政管理两方面的作用。

在非传统水资源管理利用的过程中，政府应当从宏观上规划其主要利用方式，制定相应标准、规定和利用计划，通过法律法规的完善和行政命令的制定为非传统水资源的利用提供法律和行政保障。广大群众和企业团体是非传统水资源利用的具体实践者，应当严格遵守相关规定、执行政府的利用计划，也能够在合理范围内充分发挥各自优势，积极竞争，获取最大的经济利益。总而言之，政府的作用主要为调控、管理和监督，而市场机制的合理利用能够弥补行政命令滞后、低效的不足，市场参与者固有的逐利性也能够提高水资源的经济效益。通过政府与市场的有机结合，不断优化非传统水资源管理模式，有力的支持我国水安全保障工作。

第二节　城市雨水资源化利用的市场机制与管理模式

一、城市雨水资源化利用

(一)城市雨水资源化利用简介

统一的城市雨水资源化利用系统主要包括集蓄、运输、贮存、处理和利用五个步骤。集蓄主要指利用城市表面(如屋面、路面以及城市绿地等)的雨水收集设施(如屋顶坡面集水系统、透水路面等)，将降雨充分截留的过程；运输环节主要利用城市中已有的或专门修建的雨水沟渠、排水管道等设施，将收集的雨水输送至指定的蓄水工程；收集的雨水在相应的蓄水工程中进行贮存，并经过净化、分类等处理过程，最终通过输水管道运送至终端用水户进行利用。

此外，城市雨水资源化利用还存在集体单位自集自用、居民自集自用等模式，主要是由个体自行筹资修建雨水收集利用设施，并直接进行利用或简单处理后进行利用，如小区内收集雨水用于小区绿化、保洁、绿地灌溉和冲洗卫生间等，还可以集蓄雨水用于小区内的小型景观工程等。

（二）城市雨水资源化利用的水安全效益

1. 保障用水安全

处理后的城市雨水成为可用的水资源，视其水质的不同，能够广泛用于生产生活的许多方面（如城市清洁、灌溉、洗车、冲洗厕所等），代替较为稀缺的自来水，促进地表及地下水资源的保护。城市雨水能够为城市提供新的水资源，节省政府修建调水工程的投入。相比自来水，雨水具有更低廉的价格，雨水利用的推广能够降低工农业等产业的生产成本，从而产生更大的经济效益。

2. 抵御水旱灾害

城市的建设改变了原有的下垫面条件，城市降雨绝大多数须经过建筑屋顶和硬化的路面，再由排水沟渠与管网排出。由于城市规划的不合理与排水设施的落后，我国部分城市在雨季往往内涝严重，而在旱季又面临着用水的短缺，造成了一定的经济损失。在推行城市雨水资源化利用的过程中，通过推广透水路面与屋顶集水设施、完善排水管网等措施，能够强化城市对雨水的收集与排放能力；修建人工蓄水设施，并充分利用自然水体的蓄水作用，能够强化城市对雨水径流的调蓄能力；将雨水处理后用来供给用水终端，能够强化城市对雨水的消化能力。通过推行城市雨水资源化利用，可以缓解城市在雨季的内涝现象和在旱季的缺水矛盾，降低经济损失。由于城市洪涝灾害的减弱，政府还可节省防洪除涝工程（如拓宽城市河道和维护防洪设施）的投资。

3. 保障水生态安全

为了解决用水问题，缺水城市往往采取超采地下水的做法，容易引发地面沉降、土地沙化等问题。雨水利用的推广，在增加水资源供给的同时，能够减小地下水的超采程度，缓解上述问题。超采地下水形成的地下空间为城市雨水的贮存提供了优良的条件，通过雨水的回灌，不仅能够节省蓄水成本，还可以补给城市地下水、涵养地下水资源。[1] 城市雨水还可以供给城市景观工程所需的水量，增加城市的水体面积，有助于改善城市热岛效应、调节小气候、净化空气，达到修复城市生态系统、丰富和美化城市环境的目的，具有良好的生态和景观效益。[2]

---

[1] 张亮.我国水资源短缺的对策研究[M].北京:中国发展出版社,2015.

[2] 蒋涤非,邱慧,易欣.城市雨水资源化的景观学途径及其综合效益评价[J].资源科学,2014,36(1):65-74.

二、雨水利用典例分析

(一)德国雨水资源利用的管理模式

德国的雨水利用研究、实践和管理起步较早,至今已基本形成了一套成熟的管理模式。德国的联邦水法和地方法规均对水资源的可持续利用做出了一定的要求,强调用户的节水义务,并树立了"排水量零增长"的原则。德国还发展出了先进的雨水利用技术,并已进入标准化、产业化阶段,在国内得到了大范围的普及。在经济方面,德国各地依据地方法规和标准,制定了雨水排放收费标准,并根据降水量对用户的雨水排放费进行核算和征收。若用户采用了雨水收集利用技术,则免征雨水排放费用。通常德国的雨水排放费用高于自来水价,该费用的征收通过经济手段有力地促进了雨水处置与利用方式的转变。[①]

(二)日本雨水资源利用的管理模式

日本具有相当完善的雨水收集、调蓄和排放设施,城市排水管道达到了接近100%的普及率。同时,日本的管道排放标准也在逐年提高。为了提高对短历时强降雨的应对能力,并防治城市内涝,日本许多城市还修建了深层的调蓄隧道和雨水调蓄池。日本的雨水收集利用设施也较为完备,自20世纪80年代以来,日本的雨水和再生水利用设施得到了大规模的推广。日本将收集到的城市建筑屋面、路面的降水用于景观灌溉和冲厕,还可以用于缓解城市的热岛效应。[②]

三、我国城市雨水资源化利用存在的问题

(一)工程体系不完善

当前我国城市雨水资源化利用实践在大多数城市尚属空白,只有北京、大连等较少城市拥有初级的雨水利用设施。我国许多城市的雨水输送、调蓄和排放设施也存在着缺陷,主要表现为排水标准过低、调蓄能力较差、管道老化严重。在我国大多数城市的建设过程中,对雨水的收集、调蓄、排放和利用重视不够,城市绿地、透水路面等设施的普及程度也较低。雨水利用、排放等设施的推

---

① 程江,徐启新,杨凯,等.国外城市雨水资源利用管理体系的比较及启示[J].中国给水排水,2007,23(12):68-72.

② 陈嫣.日本大城市雨水综合管理分析和借鉴[J].中国给水排水,2016,32(10):42-47.

广不仅需要较大的前期投入,还需对城市的整体建设进行一定程度的改造,成本回收时间也很长,使雨水的资源化利用受到较大的阻力。

(二)管理制度较落后

当前我国对非传统水资源利用的管制虽然较为严格,但缺乏确定的管理规范和标准,非传统水资源的管理权属也不清晰。当前管理部门并未对非传统水资源的作用给予足够的重视,也没有制定区域的非传统水资源利用规划。由于雨水、污水等的利用需要较大的前期投入(管道的维修改造、中水管道的修建),还涉及城市规划问题,需要耗费大量的资金和时间成本,短期内基本无法获得可靠的经济收益,地方政府也往往没有推行非传统水资源利用的动力,甚至会产生一定的抵触。在用水户层面,较高的成本也会降低用户普及非传统水资源利用技术的意愿,非传统水资源也几乎不存在成熟的产业和稳定的市场,更遑论市场机制作用的发挥。

(三)其他问题

广大群众对于非传统水资源的认识不足,意识较为落后。大多数用水户并未重视非传统水资源利用的效益,对水资源的稀缺性和商品属性接受不够,增大了非传统水资源利用设施和技术普及的难度,加上非传统水资源利用先天较高的成本,对非传统水资源利用的开展形成了障碍。我国国内非传统水资源利用的研究和实践也尚处在起步阶段,和国外相比较仍有着很大的差距。

四、对我国的建议

(一)推进工程建设

为了提升城市的雨水收集和调蓄能力,建议修建深层雨水调蓄管道和调蓄池,并可在城市规划中合理利用地面坡度,通过为城市路面设置坡度,将雨水引向城市的绿地、景观水体等天然调蓄场所、人工调蓄池或雨水收集设施。建议政府推进供水方式改革,实行分类、分质供水策略,既便于分类水价的实行,又能够提升供水管理的效率。为了提高城市对雨水的输送和再利用水平,建议政府加大城市基础建设投资,推进城市输水管线的改造,提高其输水排水标准,配合分类供水制度,修建中水管道等各类输水管道。

(二)完善管理制度

为了促进雨水利用技术和设施的推广,建议政府建立激励雨水资源化利用的奖惩制度。对于新建的城市建筑物，可以对其做出硬性要求，规定其必须包含和其规模相配套的雨水收集利用设施，对于已有的城区，可以在一定的时间范围内，逐步建立雨水排放费用制度，根据城市的年均降水量、城市屋面和路面的面积、类型以及当年的降水量，核算出应当缴纳的雨水排放费用。对于建立雨水收集利用设施的建筑，免征其雨水排放费用，对积极者可以适当给予一定的奖励，奖励可以以资金或用水量的形式发放。为了保障雨水利用相关制度，建议政府成立下属于水资源管理部门的监管部门，并赋予其一定的行政处罚和执法权力。政府也应当积极推进雨水利用的标准化和规范化，并以法律法规、行政文件的形式予以支持。

雨水利用的推广不仅需要政府的推动，也需要社会的积极支持。建议我国政府放松对雨水利用的管制，并对雨水利用产业给予一定经济或行政上的扶持，促进雨水利用行业间、企业间的相互合作和竞争，充分发挥市场机制的作用，在这一行业形成一定的市场规模。同时，还可以将雨水利用和已有的水市场进行对接，将收集处理后的雨水在水市场中进行交易。

（三）完善外部保障

为了促进雨水利用的发展，建议我国加大雨水利用的宣传教育力度，向社会普及雨水利用的环境、经济等方面的效益以及政府的有益政策，降低群众对雨水利用技术的抵触。同时，建议政府加大对雨水利用技术研究的投入，引进国外先进技术并加以学习和创新，早日形成适合我国具体国情和降水状况的、具有自主知识产权的雨水利用技术，使雨水资源能够产生更大的效益，减少雨水资源的浪费。

第三节 空中云水资源利用的市场机制与管理模式

一、空中云水资源利用简介

（一）空中云水资源特点

降水是水循环的重要环节，无论是地表水还是地下水，大都由降水进行补充。大气降水是自然界水资源的重要来源，而大气降水又来源于大气中的含水云层。

所谓空中云水资源,就是存在于大气中的固态和液态水的总量。不同地区,其云水资源的储量具有较大的差异。研究表明,相比其他区域,大气中某些区域具有更高的水汽通量,因此在我国云水资源较为丰富的地区,开展云水资源利用的实践,能够大大增加水资源的供给,在一定程度上缓解我国部分地区的缺水状况。

云水资源的利用以增加降水量和提高降水效率为主,在增加可利用水资源总量的基础上,改善降水的时空分配,缓解降水过少导致的干旱和降水过于集中导致的季节性内涝现象。在较小尺度的实际应用中,往往通过各种途径进行人工增雨(雪)作业,对含水云层进行人工干预,以达到促进降水的目的。而在更大的空间尺度上,王光谦等提出了"天空河流"的概念,通过影响全球性的水汽输送网络,提高自然降水的转化率,利用云水资源形成新型的跨流域调水模式以解决干旱问题。① 空中云水资源的利用具有如下特点。

1. 影响因素众多,作用机制复杂

云水资源利用的本质就是人类对水循环过程的直接干预,而干旱区的水循环过程往往较为脆弱,影响因素也较为复杂,气候模式、地形地貌、大气环流、季节因素等都能对降水过程产生宏观的影响,而微地形、空中水汽含量以及空中凝结核含量的多寡,也能在很大程度上具体影响降水事件的强度。影响因素之间存在复杂的相互作用和平衡关系,如果未经合理的规划验证,贸然开展增雨行为,有可能会产生不利的影响。

2. 成本低廉,成效显著

相比海水淡化、污水处理等利用方式,开展空中云水资源的利用,无须建立大规模的水资源处理设施,甚至无须建设专门的蓄水设施和输水管道,工程成本较小。此外,当前的人工增雨技术已经相当成熟可靠,在成本上也有着一定的优势,如有人测算,在祁连山地区实施人工增雨,按照当前的水价水平,其投入和产出比可以达到1∶30甚至1∶50。②

3. 时空分布不均

和我国淡水资源的分布情况类似,我国的云水资源也存在着时空分布不均的

---

① 王光谦,钟德钰,李铁键,等.天空河流:发现、概念及其科学问题[J].中国科学:技术科学,2016,46(6):649-656.

② 张强,孙昭萱,陈丽华.祁连山空中云水资源开发利用方式综述[J].干旱区地理,2009,32(3):381-390.

特点。云水资源数量和云量存在的相关关系,受不同气候模式的影响,不同区域的云量差异较大,且在不同季节,同一地区的云量之间也存在着一定的差异。[①] 此外,从空中云水资源自身的输运模式来说,大气对流层中也存在着较周边区域水汽通量更高的条带状水汽输送带。[②] 也就是说,无论是分布还是运动转化,空中云水资源的数量根据时间和空间的不同,会发生很大的变化。

(二)空中云水资源利用的水安全效益

1.用水安全保障效益

推进云水资源利用,能够大大提高降水量和降水效率,不仅能够增加水资源的供应量,还能够通过合理的规划,改善水资源的时空分布,充分发挥水资源的潜力,缓解干旱地区的用水缺口,提高用水保障率,保障我国的用水安全。

2.生态安全效益

干旱地区的一系列生态安全问题主要由缺水所引发。开展云水资源的利用,能够通过增加降水量、降水效率和改善降水时空分布的手段,大大改善水资源的循环过程,促进降水下渗量和河道径流量的增多,从而使地下水位得到提升、河流生态系统得到改善,有利于荒漠植物的生长和抵御沙漠化,促进生态系统的恢复。由于自然环境的改观,还能够在荒漠地区重新发展一定程度的工农业,以产生一定的经济社会效益。

二、云水利用典例分析

我国当前对于云水资源的开发尚不发达,仅有个别地区在一定程度上对空中云水资源进行了利用,这里以祁连山地区为例介绍我国云水资源利用的发展状况。祁连山地区位于我国西北部,分布有大量的冰川和积雪,产生的冰雪融水是我国西北地区多数河流的淡水来源,是我国西北干旱区淡水供应的"水塔"。[③] 水文和气象分析结果表明,祁连山地区空中云水资源的分布比周边地区丰富得多,具有开发利用云水资源的巨大潜力。

---

① 陈勇航,黄建平,陈长和,等.西北地区空中云水资源的时空分布特征[J].高原气象,2005,24(6):905-912.

② 王光谦,钟德钰,李铁键,等.天空河流:发现、概念及其科学问题[J].中国科学:技术科学,2016,46(6):649-656.

③ 张强,孙昭萱,陈丽华.祁连山空中云水资源开发利用方式综述[J].干旱区地理,2009,32(3):381-390.

祁连山地区云水资源利用模式为人工增雨,主要有飞机播撒催化剂、火箭增雨、焰弹增雨和地面燃烧炉增雨四种。空中云水资源利用在祁连山地区尚未广泛开展,但近年来,空中云水资源的开发补充了冰川和积雪的储量,提升了地下水水位,不仅增加了淡水资源的供应量,大大缓解了用水矛盾,也促进了干旱区生态环境的修复,并有效地抑制了沙尘暴的发生,为西北地区的社会、经济和生态效益提供了重要的支持和保障。近年来,对祁连山地区云水资源的研究逐渐增多,人工增雨技术取得了进一步发展,并初步形成了人工增加降水的现代化工程体系。

三、我国空中云水资源利用现状及问题

(一)利用模式单一,技术水平较低

当前我国对云水资源的利用过于依赖人工增雨手段,也大都仅限于在较小的空间尺度上进行,关于流域甚至国家尺度上的云水资源的统筹安排和利用方面,不仅当前尚无相关的实践,且该领域的研究也极为稀少。对于宏观和微观上的云水资源利用手段,我国也与国际先进水平存在一定差距,降雨转化率仍较低,对于云水资源运动和水汽输送的宏观机制也掌握得不够透彻。

(二)时空分布差异大

我国气候模式多样、地形复杂,且受到大气环流的强烈影响,云水资源可利用量在时间和空间上存在着巨大的差异。一般来说,6月份云水资源的储量最多,而10月份储量最少,东南地区的云水资源储量多,西北、华北和东北地区储量少。总体来看,随着全球气候的变暖,我国云水资源的储量也在不断增加。[①]我国辽阔的领土为云水资源利用的大规模开展提供了优越的先天条件和巨大的潜力,但也造成了利用条件和难度上的差异,客观上为云水资源产业的发展形成了一定的阻碍。

我国的东南地区,不仅云水资源储量非常可观,传统水资源的来源也较为充足,往往并不存在巨大的用水缺口和尖锐的用水矛盾。因此,这些地区并不具备发展云水资源利用的动力,地方政府对云水资源的利用扶持也很少。然而,我国西北地区供水保障程度远远不足,云水资源储量较低,现实的用水状况也不得不要求西北地区广泛开展云水资源利用的实践,造成云水资源供应与需

---

① 李兴宇,郭学良,朱江.中国地区空中云水资源气候分布特征及变化趋势[J].大气科学,2008,32(5):1094-1106.

求远远不匹配的局面。

（三）市场机制无法发挥，行政法规保障不足

对于云水资源利用产业，我国的法律法规并没有给出明确的规定和规范，但政府管控又非常严格，在一定程度上对其发展产生一定的限制。当前云水资源利用的具体实践，大都由各地气象部门自行实施，效率不高，影响云水资源的利用效果。多数地方政府也没有对云水资源利用产业给予足够的重视，政策和经济扶持较为缺乏。此外，由于云水资源供应不稳定的特点，云水资源的开发往往无法解决干旱的燃眉之急，导致部分地方政府对开展云水资源利用的兴趣不高。

四、对我国的建议

（一）加大科研投入，探索高效利用方式

建议我国加大对云水资源相关研究的投入，以更加透彻地掌握云水资源运动、输移、循环和转化的规律以及人类活动对云水资源的影响，以便把握云水资源利用的最佳时间、方式和空间位置。在利用云水资源的技术手段方面，应当研发更高效的利用方式，并扩大云水资源的利用途径（不再仅限于人工增雨），争取缩短与国际先进水平的差距。此外，在云水资源利用的宏观格局上，还可以通过人工影响云水资源输移运动的"天空河流"，改变不同地区云水资源的分布情况，以更好地发挥云水资源的作用。

（二）加强监测系统建设，重视环境影响

云水资源的利用需要完备的监测系统的支持。建议我国尽快完善气象监测系统，力图能够实时把握云水资源的分布、运动和转化情况，以便为做出利用云水资源的决策提供可靠的数据支持。此外，各地自行开展的人工增雨，已经对环境和水循环过程产生了一定的影响。考虑到生态环境的重要性，还应当加强对云水资源利用的环境影响的监测与研究，并适时采取措施开展生态环境补偿，以避免人水矛盾激化。

（三）适当放开管控，引入市场机制

为了充分促进我国云水资源利用产业的发展，建议我国适当放开对云水资源利用行为的管控，在合理利用的范围内，适度允许广大群众对云水资源的利用。通过市场机制的引入，促进云水资源的充分利用，提高云水资源的利用效率，并带来一定的经济效益。

第四节 海水利用的市场机制与管理模式

一、海水利用简介

(一)海水利用介绍

海洋占据了地球表面的大部分空间,但由于海水含盐量较高,难以直接被人类所用。经济社会的发展导致了用水缺口的不断增大,科技水平的提升也使得海水利用成为可能。推动海水利用,对我国的水安全保障具有重要的意义。当前人类对于海水的利用方式,主要可以分为 3 类:①海水的直接利用,直接引取海水起到部分替代淡水的作用,如工业冷却、大生活用水等;②海水淡化,脱去海水中的盐分来作为淡水供应,这也是海水利用的重点发展趋势;③海水化学资源的利用,从海水中提取各类化学元素,由于和水资源利用关系不大,在此不做介绍。

当前海水淡化的主要技术手段是反渗透技术和低温多效技术,同时也有多级闪蒸、电渗析和压气蒸馏工艺。相比其他非传统水资源的利用方式,海水淡化具有以下显著的优点:①在原材料来源方面,海水的来源充足稳定,不受降水和气候变化的控制;②在成本方面,海水淡化的成本甚至低于远距离的大型调水工程费用;③在技术方面,海水淡化技术在国内外已经得到广泛的推广应用,技术和工艺较为成熟;④在环境和社会方面,海水淡化不占地、不移民、不争水,引起的环境问题也相对较小。

(二)海水利用的水安全效益

海水利用最主要的水安全效益就是提升我国供水安全的保障水平。海水的直接利用能够在一定程度上缩减淡水资源的使用量,海水淡化则直接增加了淡水资源的供应。可以认为,海水利用是缓解淡水资源短缺的重要手段,大力推广海水利用,相当于开辟了新的淡水供应途径,是非常有效的"开源"措施。

对我国来说,发展海水利用产业不仅是促进水安全保障的重要手段,也是经济社会发展的必然要求。沿海地区是我国经济社会发展和对外开放程度最高的区域,经济发达、人口密集、产业丰富,对淡水资源的需求日益增长,面临着严重的缺水问题，急需海水利用产业的支持。由于海岸线长、海岛众多，我国拥有发展海水利用的天然优势和巨大潜力，相信在不远的将来，海水利用产业的发展速度将进一步加快。

二、海水利用典例分析

（一）大连市海水利用模式

大连市的海水利用主要集中于工业和农业两方面，通过发展海水利用来促进用水结构的优化，作为传统水资源利用方式的重要补充。[①] 在工业利用方面，大连市积极调整工业布局、调整产业结构，并推进海水利用大户的搬迁，已经实现了多个工业企业单位对海水的直接利用。通过海水淡化工厂的大规模兴建，海水淡化能力也在逐步提升。在生活用水方面，海水主要用于冲厕等生活用水和淡化供给饮用水两种用途，但由于海水具有较高的含盐量和腐蚀性，较难通过改造供水管线在已有城区推广海水冲厕的利用方式，而主要是通过改进城区规划，在新城区做到海水冲厕的全面实现。此外，大连市还零星进行了海水供热制冷等新型利用方式的探索。

（二）青岛市海水利用模式

青岛市的淡水资源非常匮乏，城市供水十分紧张。由于青岛市紧邻海洋，拥有得天独厚的开展海水利用的条件，推进海水利用，对缓解青岛市的用水矛盾具有非常重要的意义。青岛市的海水利用以海水淡化为主，将淡化海水作为工业发展的主要补充水源，保障了青岛市工业发展和城市供水的需求。青岛市的海水淡化技术工艺水平较高、产量较大，且能够将海水淡化和发电相结合。此外，海水用于大生活用水的实践也在青岛市得到一定程度的开展，并曾建立全国首个海水冲厕示范小区。[②]

三、我国海水利用现状及问题

（一）技术水平不高

由于海水淡化产业的发展和建设需要一定的成本，部分地区海水淡化的推

---

① 李理,张兴文,李付林,等.海水利用:大连市水资源可持续发展的有效途径[J].环境保护,2008(24):62-63.

② 苑祥伟,于军亭,张克峰,等.青岛市海水利用的现状分析与对策措施[J].净水技术,2011,30(6):1-4.

广程度远远不足,利用方式较为落后,仅限于生活用水替代、工业冷却等直接利用方式;当前,我国海水淡化所采用的工艺尚未达到国际先进水平,能耗较高,对进口产品和设备的依赖程度也较大;与国外相比,我国海水淡化的规模显得不足,也部分导致了成本的升高。

(二)管理效率低

我国海水利用行业的管理由国家海洋部门负责,但海水利用的规划和资金投入由水利部门提供,当淡化海水进入供水管网后,又涉及住建部门和水务部门。[①] 与我国流域管理制度"多龙治水"的现状相似,政出多门、权责不清的问题也制约着我国海水利用产业的发展。此外,部分地方政府并未对海水利用给予足够的重视,对海水利用产业并未给予足够的支持,尽管建设了海水利用设施,但并未将海水资源看成是与淡水同样重要的资源,没有将海水资源纳入统筹规划和配置范围,无法发挥出海水资源的真正价值。

(三)市场机制不完善

海水淡化项目大都由国家财政投资支持,并由国家负责管理、运营和维护,竞争程度低,政府负担重,融资模式落后,且受行政制约,海水淡化工程往往无法自负盈亏,也给政府带来了一定的负担。

四、对我国的建议

(一)理顺管理体制

海水作为可开发的水资源,其规划、建设和管理权力应当赋予水资源管理部门下属的非传统水资源管理部门;海水淡化设施的建设费用应当作为水利资金的一部分,由财政拨款统一划拨;淡化后的海水并入管网,由供水部门负责管理;海水淡化的环境影响,应当由环保部门负责监测和处理。通过理顺海水淡化—利用全过程各个环节中不同部门的管理职能和责任,能够提高海水淡化的管理效率,辅以一定的政策支持,能够大大促进产业的发展。

(二)合理统筹规划

受到成本和收益的限制,海水利用产业的推广应当有的放矢,考虑不同区域的状况,优先满足重点区域的要求。应当综合考虑区域的经济社会发展程

---

① 海水利用联合调研组.关于积极发展我国海水利用的几点建议[J].水利发展研究,2011(9):1-5＋13.

度、用水需求的多寡、开展海水利用的难易以及产业布局,因地制宜地采用合适的利用方式,提高海水利用产业的运营效率和收益。

(三)加大科研投入

我国应当大力支持海水利用技术的研究工作,着力提高设备和工艺的国产化水平,扭转当前依靠引进技术、受制于人的现状,并探索创新利用模式,提高效率、降低污染和浪费。此外,推动海水利用与核能等新型产业的结合,也能够促进我国海水利用产业的发展。

(四)推动市场化进程

引入市场机制,培育海水淡化市场,促进市场的充分竞争,同时推动海水淡化产业的市场化改革,是海水淡化产业未来的发展方向。市场化程度的提高,不仅能够促进海水淡化产业的规模化、产业化、大型化、标准化和专业化发展,还能降低海水淡化产业对政府的依赖程度,削减政府的财政负担。

第五节　污水利用的市场机制与管理模式

一、污水利用简介

(一)污水利用介绍

21世纪初之前的相当长时期,我国城市居民生活、农业灌溉和工业生产所产生的各类污水,往往直接排入河湖水体,不仅造成了严重的环境问题,危害到我国的水安全,还造成了资源的浪费,加剧了水资源的短缺。污水中通常含有丰富的氮、磷等有机营养物质以及一定的金属元素,若能通过一定的处理手段将这些元素提取出来,不仅能够使污水得到净化,还能够产生一定的经济效益。实际上,污水也应当看成是一种资源,推进我国污水利用产业的繁荣,对我国的水安全保障、生态文明建设和经济社会发展都有着重大的意义。

污水利用实际上包含了"处理"和"利用"两个环节,而不同种类来源的污水,其处理手段也不尽相同。对于城市生活污水等污染程度较低,但含有大量氮、磷等元素和有机物的污水,一般采用重力分离、化学沉淀中和、电渗析等理化手段进行处理；①对于含有各类金属和非金属元素的工业废水，一般采用高分子材料、离子交换树脂处理法、反渗透法和生物处理等手段进行处理。处理后的污水，根据其水质标准的不同，可以用于城市景观、绿化、清洁、施工、工业生产和农业灌溉等不同用途。

(二)污水利用的水安全效益

1. 保障供水安全

经过处理后的污水达到了一定的水质标准，能够在一定程度上起到替代优质水资源的作用，使优质水资源产生更大的效益。污水的再生利用不仅提高了用水效率，减少了水资源的浪费，还相当于开辟了新的水资源供应渠道，缩小了用水缺口，缓解了当前尖锐的用水矛盾，能够提升我国供水安全的保障水平。

2. 保障水生态、水环境安全和用水安全

推广污水回收利用，能够大大减少污水直排的现象，提升污水排放的水质状况，减轻自然水体的生态环境压力，对水污染的治理有着极大的促进作用。水环境污染的减轻能够缓解我国部分地区面临的水质型缺水问题，也通过改善水质起到了增加水资源供应的效果，能够有力支持我国生态文明社会的建设，保障我国的水生态、水环境和用水安全。

除保障水安全的主要作用之外，推进污水回收利用工作，还能够节省水务建设投资、降低供水成本，具有可观的经济效益。

二、污水利用典例分析

以北京市为例，对污水的回收利用方式进行简要的分析介绍。

北京市在新中国成立初期就开展了污水回收利用的实践，起初以污水灌溉为主要的利用方式，随着污水管道和污水泵站建设的逐步开展，污水灌溉的面积也在稳步提升。20 世纪 80 年代后，再生水开始在城市建筑内得到利用，在城市建筑内设置小型的简易生活污水处理设施，并将处理后的污水用于清洁、绿化等用途，同时在更高的层面上，北京也开始兴建中水管道和中水回用系统。20 世纪 90 年代后，北京大大加快了污水处理厂的建设，工业和城市生活用水的处理能力得到极大的提高，而工厂内污水的再利用也得到了推广，回用再生污

---

① 郑莹.浅谈城市污水资源化及再生水利用[J].山西财经大学学报,2012,34(3):125.

水的企业逐步增多,污水回用力度也逐步加大。北京市再生水主要用途按实际使用量大小依次为农业灌溉、工业冷却水、景观环境,以及绿地灌溉、道路冲洒、洗车、冲厕等市政杂用。[①]

三、我国污水利用现状及问题

(一)技术水平不高

当前,污水处理在我国仍属于高能耗产业,工艺技术与国际先进水平有着一定的差距,耗费成本大、处理效率较低。在污水处理过程中,大都专注于水资源的重复利用,但忽视了污水中的各类元素和热能的回收,可持续性不强。此外,我国污水处理产业的国产化水平较低,国产设备占有率低,也在一定程度上制约着我国污水处理产业的发展。

(二)工程体系不完善

污水回收和利用阶段依赖管道系统的支持,但我国多数城市的排污系统、管道系统的建设水平仍然不足,城市建设规划也较少针对管线建设预留必要的空间。工农业、生活污水直排和混合排放屡见不鲜,增大了污水处理的难度,输水排水管线的超负荷使用也对污水排放和处理过程形成了客观的制约。

(三)外部保障不足

不少地方政府对污水处理行业没有给予足够的重视,不仅投资不足,政策和经济扶持力度也不足,国家法律法规和行政制度也没有为污水处理提供足够的支持。此外,公众对污水处理再利用的接受程度不高,也对污水排放、运输和处理设施的建设造成了一定的阻碍。

四、对我国的建议

(一)大力推广高新技术的应用,加大科研投入,注重对国产技术与设备的扶持

国家应当加大对科研工作的投入和支持,紧跟科技前沿发展趋势,探索新型高效的污水处理净化技术,并注重污水中所含各类元素和热能等能量的全面

[①] 马东春,徐凌崴.北京污水资源化利用发展现状与公共政策分析[J].黑龙江水利科技,2005,33(6):71-73.

回收利用。针对城市污水和工业废水的差异,对于城市生活用水采用分散处理手段,再导入天然或人造水体,充分利用其自净能力,并与城市景观工程结合;对于工业用水,应根据污染种类的不同,采用集中式处理设施,提升污水处理的专业化水平。

(二)完善工程体系

我国应当大力推进输水系统的建设,完善管道和渠道输水体系,增大输水能力,缓解当前管道系统的负载。对于不同来源和不同污染种类的污水,可以按类别的不同建设专门的分类输水管道。参考国外的先进经验,我国还应当建立中水系统,推进污水的分类利用,体现"优质优用,低质低用"的原则。

(三)创新管理制度,推进市场化

为了促进污水利用行业的快速健康发展,我国应当将再生水纳入水资源的统一配置,根据各地自身特点、用水需求、当前污水处理的方式和再生水水质,拟定合适的污水回收利用策略,采用适宜的污水处理和利用手段。结合当前水资源管理制度的发展与改革方向,我国还应当推进污水利用的市场化进程,鼓励污水处理单位的公司化改革和运营,实行企业化的管理制度,培育污水处理与再利用市场,充分促进市场中的合作与合理竞争。

第六节 传统与非传统水资源利用的结合

一、新形势下非传统水资源与传统水资源的地位

随着经济社会的发展和自然环境的演变,人类的用水需求逐渐增大。在长久的发展过程中,人类对于河湖等自然水体的开发已经接近了极限,并产生了一系列生态环境问题。可以认为,我国对于传统水资源的开发程度正逼近或已经达到了上限,非传统水资源的地位在今天愈显重要。

由于传统水资源供应量大、来源稳定且利用方便,传统水资源无论是在当今还是未来,都应当在我国的水资源供应中占据最主要的地位,非传统水资源则是传统水资源的重要补充,在大部分情况下起到辅助的作用,在传统水资源极度缺乏的地区则能够扮演供水"主力"的角色。可以认为,传统与非传统水资

源都有着各自的优势和特色,发挥着不可替代的作用。二者都是我国水资源供应的重要手段,在我国的水安全保障中都占据着重要地位,不可偏废。随着最严格水资源管理制度的推行和生态文明建设的大力开展,国家对于传统水资源的保护力度逐渐增大,生态环境治理和修复也会对生态用水产生更大的需求。因此,大力开展非传统水资源利用,充分发挥非传统水资源的巨大潜力,是我国未来水资源供应模式的发展方向,非传统水资源的地位会得到逐步的提升。

二、非传统水资源与传统水资源的关系

非传统水资源和传统水资源的关系,可以用合作与竞争关系来描述。在人水系统中,水资源的利用可以看成是人与水之间的桥梁,通过非传统与传统水资源利用的有机结合,能够使人类社会的用水需求得到较充分的满足,二者相互合作,互为补充,在各自的领域发挥着重要的作用,共同保障我国的水安全和经济社会的快速发展。

然而,在水资源的供应方面,二者又存在着激烈的竞争和矛盾。在大多数地区,由于传统水资源利用的成本较低,因此占据了绝对优势的地位,在一定程度上对非传统水资源的发展空间形成了严重的挤压。然而,在我国西北等传统水资源紧缺的地区,非传统水资源的利用则能够得到足够的重视,拥有广阔的发展空间。经济社会的快速发展使得传统水资源的开发利用已经逼近了极限,用水缺口的不断增大也使人们不得不开始寻求另外的水资源供应来源,社会环境和自然环境的变化会在一定程度上导致两种水资源开发成本的变化以及在竞争中各自地位的此消彼长与逐渐转变,形成新的平衡。

作为水资源的开发和利用者,人类应当摆正自身的地位,合理平衡非传统与传统水资源之间的关系,协调二者的地位与作用,并适当营造二者之间的合理竞争,采取措施促进传统水资源的保护与非传统水资源的开发,达到二者之间的和谐。

三、非传统水资源利用中存在的共性问题及解决建议

我国特殊的国情和非传统水资源利用的快速发展,导致了一些问题的集中爆发。在雨水、云水、海水和污水等非传统水资源的利用模式中,存在一系列的共性问题,需要引起足够的重视。为了促进我国非传统与传统水资源利用的有

机结合,并提高我国水安全保障的水平,这些问题应当得到优先解决。

（一）我国非传统水资源利用的共性问题

1. 水价不合理

水价反映了水资源的价值和供需关系,可以发挥一定的调节作用。无论是传统或非传统的水资源,其用户均需支付一定的水价。传统水资源水价过低的现状不仅在传统水资源利用方面造成了不良的后果,也对非传统水资源的开发利用造成了不利影响。相较于传统水资源的易于取用,非传统水资源的利用不可避免地具有一定的成本和较高的前期投入,因此非传统水资源的供水价格势必与自来水水价形成一定的差距。自来水与水利工程供水水价低于非传统水资源供水水价的现状,使得用水户几乎完全没有使用非传统水资源的动力,非传统水资源利用产业也往往因此受到压制,处于亏损的境地。

这一问题并非是由非传统水资源的缺点导致的,而是现行水价制度不合理的结果,水价非但没有发挥经济杠杆的调控作用,反而影响到了非传统水资源的利用。水价制度的改革,不仅有益于传统水资源的利用,也能够惠及非传统水资源产业,形成水资源利用的良性循环,对我国的水安全保障具有较大的实际意义。

2. 政府管控过于严格,对政府依赖较大

当前,我国非传统水资源的利用仍处于起步阶段,也尚未形成较为完善的产业和体系。非传统水资源的管理也并未形成标准规范的管理模式,这一领域也极少有市场的存在。政府对于非传统水资源的利用管控较为严格,当前我国非传统水资源的利用对政府的依赖也较为严重。政府大量参与非传统水资源的管理,民间和社会资本的参与程度极低。政府严格的管制不仅阻碍了市场的形成和市场机制的引入,也部分地导致了垄断,影响了正常的竞争。

3. 政策和法律不完善

对于非传统水资源的管理和利用,我国仍没有制定一套标准的管理制度,水利、气象、城建、环保等多个部门,都有着一定的管控权力,部门之间存在着职能的重叠和相互制约,"政出多门,多龙治水"的现状也制约着我国非传统水资源利用产业的发展。在法律方面,《中华人民共和国水法》和《中华人民共和国环境保护法》等相关法律并没有对非传统水资源利用的概念做出界定,而非传统水资源利用产业也没有在国家层面得到足够的政策扶持。政策法规的落后容易导致非传统水资源利用产业的发展偏离正确的方向,可能会降低利用的效率,甚至产生纠纷等不利影响。

(二)促进非传统水资源利用的建议

1. 改革水价制度

为了促进非传统水资源利用产业的发展,充分发挥水价的杠杆作用,必须对我国当前的水价制度进行一定的改革。关于水价制度的改革,在第四章中已有提及,此处主要简述如何通过水价改革以促进非传统水资源的利用。

水价的改革应当着眼于水价制定的合理化和差别化水价的形成。随着时代的发展,非传统水资源必定会被纳入我国水资源的供给体系。实行差别化水价制度,按照供水的水质、用途和行业进行分类,制定不同的水费计收标准。对于达到自来水标准的非传统水资源,其水价可以与自来水价持平,对于水质略差的非传统水资源(如污水回用等),可以征收较低的水费。促进水价的合理回升,自来水价和水利工程供水水价不应低于非传统水资源利用处理的平均成本,为非传统水资源争取一定的生存和发展空间。为了促进非传统水资源利用的发展,政府可以对非传统水资源供水水价给予一定的补贴。

2. 改革政府管理模式

为了促进非传统水资源的规范化管理和良性发展,建议我国尽快成立从属于水管理部门的非传统水资源管理部门,负责各类非传统水资源(如雨水、云水、海水和污水等)的管理工作,同时剥离其他部门关于非传统水资源利用的行政权力,扭转当前管理混乱的现状,保证其能够正确行使行政、统筹规划、管理、协调和监督等各类职能,并提升管理的专业化水平。

3. 完善政策法规

建议我国制定非传统水资源利用相关的法律法规,并对现有法规进行完善,增补非传统水资源相关内容,对非传统水资源的管理做出规定和限制,并指明其发展的方向,为非传统水资源利用的发展提供法律保障,同时也给予足够的法律支持。为了促进非传统水资源利用的快速发展,各级地方政府还应当给予其一定的政策倾斜与扶持,完善其行政保障制度。

4. 推进工程建设

建议我国在发展非传统水资源利用产业、建设非传统水资源利用设施的同时建立配套的水资源输送渠道和储水设施,并与传统水资源的供应相对接。对于已有的输水和蓄水设施,建议我国增大对其的检修和维护力度,并适时开展改造,以提升其输水能力,保障非传统水资源的利用不受工程设施等外在条件的约束,充分发挥其效益。

在我国未来的水资源利用与管理制度中,非传统与传统水资源两种利用方式都应当受到足够的重视,当非传统水资源的发展程度和传统水资源的保护程度达到更高层次时,甚至可以不对二者做出区分,而统一进行"水资源"的规划和管理,最终形成非传统与传统水资源利用方式兼备的收集、贮存、输送、利用、回收再利用的全方位开发利用综合体系,真正做到非传统与传统水资源的统一规划和使用。

四、非传统水资源利用与人水和谐

经过长久的开发利用,我国多数地区的传统水资源都已经开发殆尽,却仍难以满足日益增长的用水需求,人水关系逐渐恶化,人水矛盾愈发尖锐,推动人水和谐,成为现实的迫切需求。贯彻人水和谐思想,需要人类充分考虑水系统的承受能力,对水资源采取开发与保护并重的策略,维持水系统的正常运转和良性发展。[1] 因此,在传统水资源开发受到诸多限制的今天,推进非传统水资源的利用,成为促进人水和谐的重要手段,而在利用非传统水资源的过程中,也要以人水和谐思想为指导。因此,利用非传统水资源,应注意以下问题。

(一)重视环境影响

空中云水资源的利用会影响到空中高含水云层的输移、运动规律和含水状况等因素,进而对不同尺度下的水文循环过程产生一定的作用。降水量和降水效率的改变也会影响到径流过程和区域的生态环境,导致动植物生存环境和土壤侵蚀过程的改变,最终推动生态环境的整体演变,产生长远的影响。海水利用在一定程度上会影响海水中化学元素之间的平衡,影响海水的化学组成及性质,并可能导致海水的富营养化;高温废水的排放入海会干扰海水的氧平衡和物理性质,并促进海水的蒸发,从而影响水生生物的生存和繁衍,导致生态平衡

---

① 左其亭,毛翠翠. 人水关系的和谐论研究[J]. 中国科学院院刊,2012,27(4):469-477.

的破坏;海水利用过程中投放的化学药剂和生物制剂也会产生一定的不利影响。①

因此,在大力推进非传统水资源的利用时,也要充分关注其对环境的作用,贯彻人水和谐的思想,不能再一次走上"先污染,后治理"的老路,应当着眼于未来的可持续发展,适度地稳步推进非传统水资源的利用,并逐步完善现有的环境监测系统,做到对非传统和传统水资源利用行为的持续监测,适时开展环境影响评估,做到对环境污染和破坏的提早预防,起到"防患于未然"的效果。

(二)适应未来水资源管理的发展方向

非传统水资源的利用应当紧跟国家政策的方向,结合当前推行的最严格水资源管理制度,提升对非传统水资源处理和利用的规范程度,合理划定"水资源利用总量红线""水资源利用效率红线""纳污能力控制红线",将非传统水资源利用的管控提升到和传统水资源同等重要的水平。此外,还应当重点发展环境友好的水资源开发利用技术,结合我国大力推行生态文明建设的大方向,力图做到通过利用非传统水资源来营造更加健康的人水关系,促进人水和谐。

相比传统水资源的开发利用,非传统水资源在生态环境保护、促进人水和谐等诸多方面具有无可比拟的优势,是传统水资源的有力补充,是我国水资源利用体系中的重要一环。随着时代的进步,非传统水资源在我国的未来发展中将占据着越来越重要的地位。因此,国家应当逐步加大对非传统水资源利用产业的投资和扶持力度,打破国外垄断,争取达到国际先进水平。国家还应当对非传统水资源的发展进行宏观的顶层设计,并制定合理、长远的规划,保证非传统水资源利用产业的正确发展。通过推广非传统水资源的利用,提升我国用水安全、水环境安全、水生态安全状况,为我国的水安全保障工作提供有力的支持。

---

① 高忠文,蔺智泉,王铎,等.我国海水利用现状及其对环境的影响[J].海洋环境科学,2008,27(6):671-676.

第六章 和谐论在水安全 保障中的应用

第一节 和谐论介绍

和谐论提出已有十余年,其理论、方法体系也在不断完善,本节主要从和谐论的提出过程、和谐论概念及主要内容两方面展开介绍。

一、和谐论的提出过程

自从中共中央十六大提出要构建社会主义和谐社会以来,和谐论研究引起了学术界和全社会的广泛关注和重视,并逐渐成为有关价值评判的标准和依据。其实,作为一个有着悠久历史的文化大国,中国传统思想宝库中蕴含着丰富的和谐理论资源。我国的和谐思想意识,最初起源于古代先民对于各种自然现象及人类社会发展的思考,即对于天、人问题的思考。从商周时代就已提出的"天人合一"哲学思想,到先秦时期"和而不同"的思想,再到近代康有为"大同世界"和孙中山"天下为公"的理念等,无不包含着深刻的和谐思想。

(一)我国的和谐思想

1. 不同学派对和谐的解读

和谐,乃天下共通之道,不同学派的众多著名教育家、思想家等也针对"和"的思想进行了论述。但由于各学派的发展路径不尽相同,对和谐思想的认识也有所差异。儒家学派的孔子在《论语》中将"和而不同"作为理想人格的标准,并解释了和谐的本质特征——和,即多种因素的互补与并存;以及后人提出的"和为贵"命题,认为和谐是天底下最珍贵的价值,指出应用和谐的思想来看待人与人之间的关系。道家学派创始人老子,提出"万物负阴而抱阳,冲气以为和",意思就是要讲究阴阳结合并形成一种适匀的状态,才产生万物,也可以理解为影响万物自身的因素就是阴阳调和问题。《老子》曰:"知和曰常,知常曰明。"意思是在与自然打交道的过程中,一定要认清自然,明白和谐与平衡的道理。《中庸》曰:"和也者,天下之达道也。"指出万物和谐平衡是高明的真理。此外,《老子》还提出了"故道大,天大,地大,人亦大。域中有四大,而人居其一焉",指出了人在自然界中的地位不是唯一的主体,而是和自然界同样重要的。因此,在改造自然的过程中,一定要遵从自然规律,敬畏自然。墨子以"兼爱"为本,提出了诸如"尚同""非攻"等主张,提醒人们要用艰苦自身、厚爱天下的态度善待世间诸事万物。佛家同样倡导人们要泛爱众生、和谐处事。

2. 不同历史时期的和谐认知变化

(1)商周时期。在最早的甲骨文中就有"和"字;在《易经》"兑"卦中,"和"是大吉大利的象征;在《尚书》中,"和"也被广泛应用到家庭、国家等领域中,以描述其内部治理良好、上下协调的状态。西周的太师伯提出"和实生物,同则不继",认为事物的本质和根本发展是"和",即二元乃至多元的对立统一,并强调要尊重客观自然的"和",不能人为地破坏其根本。

(2)先秦时期。此时期,特别是春秋战国时期,是"和"的思想蓬勃发展的阶段,在此阶段,诸子百家从不同方面对和谐思想进行了具体化阐释,他们强调人与自然要"天人调谐"、人与人要"和睦共处"、人与社会要"合群济众,善解能容"。思想家们还对"和谐"的价值、本质和机制进行了详细阐述,相关研究成果丰硕,最具代表性的有《老子》《庄子》《论语》《孟子》《孙子》《墨子》《吕氏春秋》《周礼》等等。而这一时期内的一些水利工程,如大禹治水、都江堰的建设也都体现着"人与水和谐"。

(3)汉唐时期。汉代初年,百家争鸣风波仍未完全消止,但秦代对思想界的高压政策已被解除,儒道两家又活跃起来,提出"和谐共生"学说。西汉的贾让提出的著名的"治河三策"也是人水和谐的体现,其中:上策是开辟蓄滞洪区,即不能一味地拦蓄洪水,而要给洪水以出路,才能从根本上消除水患;中策是开辟分洪河道,在排泄洪水的同时,还能间接起到水资源调配的作用;下策是加固堤防,维持河道现状。

(4)宋元明清时期。统治者或思想家提出的许多思想或理论蕴含着丰富的和谐思想成分。比如,张载(1020—1077年)基于天人合一的命题,提出的以"和谐"为特征的伦理思想;程颐(1033—1107年)论述的宇宙天地万物之一体和谐;朱熹(1130—1200年)提出的修身齐家思想蕴含着和谐思想;王夫之(1619—1692年)关于"礼宜乐和"的论述体现了他对和谐社会的向往。

(二)国外的和谐思想

和谐,不是我国独有的,而是全世界人民共同的追求。和谐思想,在西方文化中也是源远流长的,但相对于中国古代强调形式和内容的统一和谐,西方则更加注重外在形式的和谐美。[①] 虽然西方并没有明确地提出和谐的理念,但是和谐思想在有关研究中经常有所体现。古希腊毕达哥拉斯说:"整个天是一个和谐",他认为和谐是世界存在的基础。赫拉克利特说:"和谐产生于对立的东西。"中世纪的经院哲学也强调了和谐在社会中的重要性。文艺复兴以后,笛卡儿、莱布尼茨、黑格尔等人也都把和谐作为哲学范围里的重要部分;马尔库塞指出要用"宁静生存的真正和谐"的制度取代不健全且弊端层出的资本主义体制;阿多诺从美学角度出发,论述了和谐在对自然审美关系中的重要性,并指出在审美时应当保持平等、和谐的态度;当代的哈贝斯提出的"交往行为理论"中指出,在人与人之间交往过程中也要秉承和谐的心态。马克思主义唯物辩证法的根本思想是"对立与统一的辩证关系",也属于和谐思想。恩格斯提出"我们不要过分陶醉于我们对自然界的胜利,对于每一次这样的胜利,自然界都对我们进行了报复"[②],倡导人与自然应该和谐相处。

二、和谐论概念及主要内容

(一)和谐理念

尽管"和谐"一词使用广泛,但是并未形成统一的概念,对和谐的理解和表述也各异。左其亭于2009年在《和谐论的数学描述方法与应用》一文中给出定

---

① 方爱清.中西方古代和谐思想初探[J].湖北经济学院学报,2006,4(1):124-128.

② 左其亭,赵春霞.人水和谐的博弈论研究框架及关键问题讨论[J].自然资源学报,2009,24(7):1315-1324.

义——和谐是为了达到"协调、一致、平衡、完整、适应"关系而采取的行动。① 其中,"一致"是指和谐目标的一致,而不是说思想观点、宗教信仰、技术水平等具体的行为,也可以理解为只要最终的和谐目标,保持一致,采取何种方法和措施都认为是"一致"的。

"对立与统一的辩证关系"在自然界中是普遍存在的。辩证唯物主义和谐观提倡的是人与自然和谐相处,倡导事物之间相互协调、相互适应,保持一致、平衡、完整的和谐关系,而"和谐"思想是马克思辩证唯物主义重要哲学思想的具体体现。

正如前面所述,和谐关系并非完全一致的,有时也存在着对立关系。和谐观承认"竞争"的存在,并认为"竞争"与"和谐"二者是辩证统一的关系。若通过竞争可以达到新的平衡,也认为是朝着和谐的方向发展;反过来,和谐关系中也时常蕴含着竞争的作用。比如为促进和谐团队内部成员之间的相互团结一致,也可以引入一定的竞争机制,激励团队整体的和谐发展。

(二)和谐论概念

从寻求和谐问题解决途径的视角出发,2009 年,左其亭提出了和谐论的定义,即研究和谐行为的理论和方法体系,研究的是多方参与者共同实现和谐行为的理论和方法。和谐论具有广泛的应用前景,它是解释自然界和谐关系的重要理论,蕴含着辩证唯物主义哲学思想。② 和谐论坚持以人为本,人是和谐的主体,也是和谐存在的意义和目的,脱离了人类的主观意识和社会活动,自然界遵循原有的规律运行,那么探讨和谐与否都是没有意义的。和谐问题归根结底仍是人的问题,要实现和谐必须要靠人类自己主动去寻求与自身、与他人、与自然的和谐,而不应该继续以自然界的主宰自居。

辩证唯物主义哲学思想对于人和自然界唯物辩证关系非常关注,认为人与自然协调发展是必要的、可能的。马克思曾说过,人依靠自然界生活,自然界是人为了不致死亡而必须与之进行不断交往的、人的身体。人的精神生活与自然

---

① 左其亭,高丹盈.人水和谐量化理论及应用研究框架[C]// 高丹盈,左其亭.人水和谐理论与实践.北京:中国水利水电出版社,2006:1-3.

② 左其亭.和谐论及其应用的关键问题讨论[J].南水北调与水利科技,2009,7(4):101-104.

界密不可分,因为人本身就是自然界的一部分。① 因此,人类应该对与自身生存的载体——自然界心生敬畏,尊重和重视自然界的规律,减少对人与自然协调关系的任意破坏,避免自然界的报复。

要树立人与自然和谐相处的观念。人与自然界的物质、能量和信息交换,应该由人来调节。因为,人是主体,是控制者,有更强的主观能动性。所以,人与自然之间存在的一些问题,常常也是人自身观念错误导致的。譬如,为了增加粮食产量,将森林退化为耕地,引发山洪灾害等。为此,一定要树立和深化人与自然和谐相处的观念,在此基础上推进科学技术进步,使自然界朝着更有利于人类生存、发展的方向变化。

调整好社会关系,建立合理的社会制度,是人与自然和谐的基础。人类与自然的矛盾,不是由单个的人造成的,而是结成一定社会关系的人。因此,人的需求也代表了整个社会的需求。只有保证社会不断进步,才能真正找到解决人和自然协调发展问题的方法。

(三)和谐论主要内容

和谐论包含的内容十分丰富,下面做一简单介绍。

1. 和谐分类

和谐论与辩证唯物主义一脉相承,研究的也是对立与统一的关系,而主体、客体分别是人类、自然界。根据排列组合(不考虑方向性),可组成三类和谐问题,分别是人与人和谐、人与自然和谐、自然界和谐。其中,人类又可进一步细分为个人、单位、地区、民族、国家等;自然界也可以进一步细分为水系统、生态环境、资源(土地资源、矿产资源等)等。按照前述的排列组合方式共得到 10 个组合,分别是:人与人和谐、单位与单位和谐、地区与地区和谐、民族间和谐、国家与国家和谐、人与自然和谐、自然界和谐、人水和谐、人与生态环境和谐、人与资源和谐。关于各和谐分类的详细介绍及举例分析,可参考《和谐论:理论·方法·应用》(第二版)②。

2. 和谐论五要素

和谐论作为一种系统解决多目标决策问题的方法,为科学合理描述问题,

---

① 左其亭.和谐论:研究水问题的重要理论方法[C]// 中国水利学会水资源专业委员会.变化环境下的水资源相应与可持续利用.大连:大连理工大学出版社,2009:195-199.

② 左其亭.和谐论:理论·方法·应用[M].2 版.北京:科学出版社,2016.

定量描述和谐程度,必须先搞清楚以下要素,简称和谐论五要素。

(1)和谐参与者。又称和谐方,即参与和谐的各方,一般为双方或多个,用集合的形式表示为 $H=\{H_1,H_2,\cdots,H_n\}$(n 为和谐方个数,$n\geq2$),称为 n 方和谐。比如,对于和谐夫妻,则和谐参与者为夫妻两人;对于和谐家庭,和谐方为一个家庭的所有成员,可能为 2 人、3 人或更多;对于人水和谐,其和谐参与方分别是人文系统和水系统。因此,在实际研究应用时,应根据讨论对象来确定和谐参与者。

(2)和谐目标。指和谐参与者为了达到和谐状态所必须满足的要求。若这一要求不能被满足,则不可能达到最终的和谐状态。当然,即使满足这一要求,也不是一定可以达到和谐状态,但是有可能实现。比如,对于一片草地中的 n 户牧羊人家的和谐问题,其和谐问题是要保证草场不退化,这就要求 n 户人家的放牧总量不能超过草场的载畜量。但是,即使如此,也不一定意味着草场不会退化,因为还存在着自然、人为等诸多不确定性,如降水量多寡、火灾发生次数等。

(3)和谐规则。指和谐参与者为了实现和谐目标所指定的一切规则或约束。以前面的草场放牧问题为例,为了保证公平,允许每家放牧的数量必须合理制定,如可以根据每家的人口数确定放牧量。

(4)和谐因素。指和谐参与方为了达到总体和谐所需要考虑的因素。用集合的形式表示为 $F=\{F^1,F^2,\cdots,F^m\}$(m 为和谐因素个数),第 p 个和谐因素表示为 F^p。当 $m=1$ 时,称为单因素和谐;当 $m\geq2$ 时,称为多因素和谐。还列举上面的同一片草场上 n 户放牧人家的和谐问题,如果认为影响整体和谐的因素除了放牧量外,还有用水问题、用电问题等,那就是多因素和谐;如果只考虑某一方面对整体和谐的影响,则为单因素和谐。

(5)和谐行为。指和谐参与者针对和谐因素所采取的具体行为的总称。比如,n 户人家共享一片草地问题,具体行为就是放牧数量。由于和谐行为存在不止一种结果,因此也就产生了最优和谐行为的概念,即和谐参与方在一定和谐规则下满足和谐目标要求的最佳和谐行为。进一步,最优和谐行为对应的状态,称为最优和谐平衡。

3.和谐度方程

为定量表达某问题的和谐程度,左其亭于 2009 年首次提出了和谐度方程。

为便于读者理解,按单因素和谐度方程→多因素和谐度方程→多层次综合和谐度计算方法的顺序简单介绍。

(1)单因素和谐度方程。某一单因素(F^p)和谐度方程定义如下:

$$HD_p = a_i - b_j \qquad (6\text{-}1)$$

或简写为:

$$HD = a_i - b_j$$

式中,HD_p(或 HD)为某一因素 F^p 对应的和谐度,用于反映该因素的和谐程度,取值范围为$[-1,1]$,其值越大该因素的和谐程度越高;a 为统一度,表示和谐参与者按照和谐规则具有"相同目标"所占的比重;b 为分歧度,表示和谐参与者按照和谐规则和目标存在分歧情况所占的比重,a、$b \in [0,1]$,且 $a+b \leqslant 1$(一般情况下,$a+b=1$;但当和谐参与者之间存在"弃权现象",即出现既不统一也不分歧情况时,$a+b<1$)。详细的 a、b 计算步骤和方法可参考《和谐论:理论·方法·应用(第二版)》[①]。

(2)多因素和谐度方程。若和谐问题需要考虑多个($\geqslant 2$)因素,则需要在单因素和谐度的基础上计算多因素综合和谐度,计算方法有 2 种:加权平均、指数权重加权。具体公式分别为:

加权平均计算

$$HD = \sum_{p=1}^{m} w_p HD_p \qquad (6\text{-}2)$$

指数权重平均

$$HD = \prod_{p=1}^{m} (HD_p)^{\beta_p} \qquad (6\text{-}3)$$

式中,HD 为综合和谐度;w_p、β_p 分别为第 p 个因素所持有的权重、指数权重,w_p、$\beta_p \in [0,1]$,且 $\sum_{p=1}^{m} w_p = 1, \sum_{p=1}^{m} \beta_p = 1$。其他符号含义同上。

(3)多层次和谐度计算。在实际应用中,有些问题的和谐度需要分层次计算。以具有 2 个层次的和谐问题为例(如图 6.1 所示),第 1 层次是最高层次,其和谐度用 HD 表示;第 2 层次是次一级和谐问题,表示为 $HD_{21}, HD_{22}, \cdots,$ HD_{2P}(P 为第 2 层次和谐问题个数),HD_{2P} 对应的指标为 $Z_{P1}, Z_{P2}, \cdots, Z_{PQ}$($Q$ 为第 2 层次第 P 个和谐问题包含的指标个数)。

---

① 左其亭.和谐论:理论·方法·应用[M].2 版.北京:科学出版社,2016.

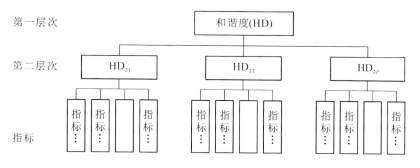

图 6.1　多层次和谐指标体系及和谐度计算框架

多层次和谐度计算步骤：由低层次向高层次，逐层计算；高层次和谐度由低层次和谐度按照加权平均或指数权重加权的方法计算得到；重复上述步骤，直至算到最高层次和谐度为止。计算公式如下：

$$HD = \sum_{k=1}^{m} w_k HD_{2k} \tag{6-4}$$

$$HD = \prod_{k=1}^{m} (HD_{2k})^{\beta_k} \tag{6-5}$$

4. 和谐平衡

在和谐度方程研究的基础上，进一步提出了和谐平衡的概念。通过前面的介绍可知，寻找和谐途径就是和谐参与者综合考虑相关和谐因素，满足和谐目标，遵守和谐规则，以期达成的一种和谐行为。为了实现和谐目标，必须要遵守一定的规则，并受这些规则的约束和限制，以维持一种相对平衡状态，这就是和谐平衡。

左其亭等于 2014 年提出了和谐平衡的概念，他认为和谐平衡是指和谐参与者考虑各自利益和总体和谐目标而呈现的一种相对静止的、和谐参与各方暂时都能接受的平衡状态。[①] 从定量角度分析，和谐平衡状态所对应的和谐度不是任意值，而是应该大于等于某一个值或某一个范围。也就是说，和谐平衡是维持某一和谐平衡状态的和谐行为的集合。从定义可以看出，和谐平衡是在一定背景下达到的一种相对平衡状态，一旦某一条件改变，将会打破这种平衡状态。但是，系统会在该条件下达到一种新的相对平衡状态，这也体现了"和谐"概念中"协调"的意义。

---

① 左其亭，赵衡，马军霞. 水资源与经济社会和谐平衡研究[J]. 水利学报，2014，45(7)：785-792.

5. 和谐辨识

从前面的分析可以看出,和谐问题涉及参与方不止一个,且各参与方的影响因素一般较多且不尽相同,故和谐度大小所受的影响因素众多,且不同因素的影响程度、同一因素不同阶段的影响程度也不尽相同。这些都给本就复杂的和谐问题分析增加困难。如何在复杂的和谐问题分析中识别出哪些因素占主导地位及其影响程度强弱,同一因素在不同阶段对整体和谐度的影响变化,对于和谐论量化研究及正确认识和谐问题具有重要意义。

和谐辨识,是对和谐问题中各和谐参与方及不同因素对和谐程度的贡献大小或主次地位的辨识。辨识的方法一般分为建模辨识方法和非建模辨识方法。其中,建模识别方法包括单变量系统建模辨识方法、多变量系统建模辨识方法和时间序列建模辨识方法,具体有最小二乘法、极大似然法、神经网络法、小波分析法、自回归滑动平均法、多变量自回归滑动法等;非建模辨识方法主要包括回归分析、相关分析及灰色关联分析等。

6. 和谐评估

和谐评估,是对和谐参与者所处状态及和谐程度水平的评估。和谐问题复杂且影响因素众多,为定量评价和谐问题的水平或状态,需要开展和谐问题的定量评估,即和谐评估。通过评估,可以反映整体和谐程度的大小、所处的和谐状态和水平,也能得出和谐程度的时空变化规律,为后续的和谐问题评价、和谐对策提出提供依据。

和谐评估的方法很多,如德尔菲专家评估法、投入产出模型法、系统分析法等。在人水和谐研究中常用的是和谐度方程、多指标综合评价方法。在计算得到和谐度数值后,还可以根据和谐等级对计算结果进行等级的划分。

7. 和谐调控

现实生活中,由于和谐问题的参与者多、影响因素多,时常出现不和谐问题,因此,需要在和谐评估的基础上进一步开展和谐调控研究,以结果为指导提出可以改善现在不和谐状态、提高和谐度、实现和谐目标的和谐行为,这也就是和谐调控的概念。和谐调控一般分简单和复杂两种思路。其中,简单思路就是根据和谐度大小直接选择和谐行为集,再根据和谐问题的筛选确定最终的和谐行为集,并据此得出满足要求的调控措施,也称为和谐行为集优选方法;复杂思路是通过建立和谐调控模型,得到最优和谐方案,并以此为基础提出调控对策,即基于和谐度方程的优化模型方法。

三、和谐论的应用及研究进展

自和谐论提出以来，很多学者已经开展了大量研究，和谐论在国民经济和社会发展涉及的和谐问题中应用广泛，尤其是在社会科学领域的应用。为了进一步指导和推广和谐论在分支部门中的应用，左其亭于 2016 年系统总结了当前及未来和谐论的应用范围，提出部门和谐论。部门和谐论是指运用和谐论的思想、理念及理论方法，研究国民经济某一部门或某一领域和谐问题的应用分支学科。[①] 此外，文中还给出了部门和谐论的详细分类等，下面做一简单介绍。

(一)和谐论的应用

1. 资源利用和谐论

资源是指一国或一定地区内拥有的物力、财力、人力等各项要素的总称。资源分为自然资源和社会资源两类，其中自然资源包括空气、水、土地、森林、草原、动物、矿藏等；社会资源包括人力资源、信息资源以及经过劳动创造的各种物质财富等。人与植物不同，不能自给自足，衣食住行都离不开各种资源源源不断的供应；人与植物又相似，都离不开阳光、水、各种必需元素等的补给。因此，为了更好地生存，人们必然要开发利用各种自然资源，如水、空气等。但是，自然资源也属于自然界，有其自身的发展规律。人类的开发利用程度如果超过了其可开采水平，势必会对资源产生影响，甚至是破坏。因此，人类必须规范和限制自己的行为，在满足自身生存和发展的前提下，注重资源的保护与协调，促进人与自然和谐发展。因此，研究资源利用和谐论十分必要，也非常急迫。

资源利用和谐论主要应用领域包括：①资源利用与经济社会发展和谐关系；②资源循环利用模式及效率评价；③资源开发与环境保护协调问题；④资源节约与循环利用协调与综合效益评估；⑤资源开发与废弃资源综合利用协调；⑥多种资源优化分配与科学利用保障体系；⑦资源一体化综合管理方式与管理体制等。

2. 环境保护和谐论

环境是包括人类在内的所有生物赖以生存和发展的必要条件。人不能独

---

① 左其亭. 部门和谐论主要研究内容及应用领域[J]. 社科纵横，2016,31(11):42-46.

立于自然界生存,生存和生活过程中需要呼吸、需要饮食,也需要享受等。而良好的环境可以提供洁净的氧气,为食物的生产提供必要场所。而近年来,随着经济社会的快速发展,固体、液体和气体等废弃物排放量日渐增多,环境终于由于不堪重负而出现脏乱差等问题。环境可以称得上是人类的衣食父母,环保问题近年来越来越受到人们的重视。环境保护工作内容非常广泛,综合性强,涉及自然科学和社会科学的许多领域。若要彻底协调、解决好人类与环境的问题,必须采用和谐的思想。因此,提出环境保护和谐论非常重要。

环境保护和谐论涉及环境保护的方方面面,其主要应用领域包括:①环境保护顶层设计与和谐发展;②资源适度开发与环境保护的和谐平衡;③生物多样性保护与生态和谐平衡;④保护环境与保障经济长期稳定增长的和谐关系;⑤环境保护与国家安全的协调;⑥工程建设、土地开发、城市建设等与环境保护的协调;⑦环境保护的政府主导与市场调节相结合机制;⑧环境保护政策法律制度;⑨环境保护行政、法律、经济、技术、宣传等多途径综合与协调。

3. 城市建设和谐论

城市是人口和产业的集聚地,人口密度大,且兼具住宅区、工业区、商业区及行政管辖等功能。城市的出现,是人类走向成熟和文明的标志,也是人类群居生活的高级形式。城市化,也称城镇化,是指随着一个国家或地区社会生产力的发展、科学技术的进步以及产业结构的调整,其社会由以农业为主的传统乡村型社会向以工业(第二产业)和服务业(第三产业)等非农产业为主的现代城市型社会逐渐转变的历史过程。城镇化过程包括人口职业的转变、产业结构的转变、土地及地域空间的变化。城市化进程的推进必然要进行城市建设,这个过程伴随着大量的活动,这些活动难免对城市发展产生影响。因此,为了促进城市和谐发展,协调好城市建设中各方面可能遇到的问题,在城市建设中必须贯彻和谐的思想。

城市建设和谐论主要应用领域包括:①城市规划顶层设计与和谐发展;②城市适宜规模与资源环境约束关系;③资源合理利用、环境有效保护条件下的城市发展规模确定;④海绵城市建设与城市绿色发展模式;⑤城市文化传承与生态文明建设;⑥城市交通规划与管理;⑦城市水资源优化配置与调度;⑧城市抗灾与安全保障;⑨城市体系规划与重大基础设施网络配置;⑩和谐城市建设与评估。

4. 国土规划和谐论

国土是国家主权及主权权利管辖范围内的地域空间,包括国家的陆地、陆上水域、内水、领海以及它们的底土和上空。它是由各种自然要素和人文要素组成的物质实体,是国家经济社会发展的物质基础或资源、国民生存和从事各种活动的场所或环境。国土规划是从土地、水、矿产、气候、海洋、旅游、劳动力等资源的合理开发利用角度,确定经济布局,协调经济发展与人口、资源、环境之间的关系,明确资源综合开发的方向、目标、重点和步骤,提出国土开发、利用、整治的战略重大措施和基本构想。因此,将和谐论引入国土规划研究中具有深远意义。

国土规划和谐论主要应用领域包括:①国土资源开发规模与布局;②国土资源综合利用与优化配置;③经济社会发展与资源、环境协调发展战略;④国土资源开发、利用、管理和保护协调问题;⑤国土资源开发与经济社会空间匹配格局;⑥重大基础设施建设的国土规划;⑦国土资源的综合评价及开发效益评估;⑧国土整治和环境保护;⑨国土开发整治关键指标(如可供水量、水能资源开发利用率、防洪标准、耕地保有面积、耕地灌溉面积、水土流失治理面积、沙漠化防治面积、盐碱化治理面积、森林覆盖率、城市化率等)确定等。

5. 农业发展和谐论

农业是利用动植物的生长发育规律,通过人工培育来获得产品的产业。农业属于第一产业。农业的劳动对象是有生命的动植物,获得的产品是动植物本身。农业是为国民经济建设与发展的基础产品提供支撑,是人类生存的基本条件。虽然,农田水利建设工作在逐步落实,但随着农业的发展,仍出现了一系列问题,如农业面源污染、土壤板结、水土流失、生态退化等问题。因此,为了保障人人衣食无忧,解决农业面临的多种问题,促进农业可持续发展,开展农业发展和谐论应用研究具有重要意义。

农业发展和谐论主要应用领域包括:①农业发展规划顶层设计与和谐发展;②农业灌区规划与规模确定;③种植农业与生态农业协调;④农业用水与生态用水协调;⑤现代农业建设与运行模式(绿色农业、物理农业、休闲农业、工厂化农业、特色农业、观光农业、立体农业、订单农业、精准农业等);⑥农业发展与生态环境治理协调;⑦国家粮食安全与城乡协调发展;⑧新农村建设与农业和谐发展。

6. 工业发展和谐论

工业指采集原材料并将其加工成产品的工作和工程。工业是第二产业的重要组成部分,是经济社会发展的命脉并为其快速发展提供强劲动力,也决定着国民经济现代化发展的速度、水平和规模。但是,工业的发展也带来了一系列严峻的问题,如水资源利用量大、废污水排放量大、水环境恶化等。因此,十分有必要开展工业发展和谐论研究,以促进工业的可持续发展。

工业发展和谐论主要应用领域包括:①工业发展规划顶层设计与和谐发展;②工业结构与布局优化调整;③工业运行模式与优化;④污染严重工业区位选择;⑤工业发展与环境保护协调。

7. 林业发展和谐论

林业指保护生态环境保持生态平衡,培育和保护森林以取得木材和其他林产品、利用林木的自然特性以发挥防护作用的生产部门,是国民经济的重要组成部分。森林不仅可以改善区域气候,还可以为人类提供木材、食材等物资;同时,森林还是自然界很多生物的栖息地。为了保持森林覆盖率,保障生态环境的完整性,维持生态平衡,必须贯彻人与自然和谐相处的思想,解决乱砍滥伐、森林退化等问题。

林业发展和谐论主要应用领域包括:①林业发展规划顶层设计与和谐发展;②林业生态平衡战略与生态环境保护规划;③林业发展保护适宜规模;④林业经济社会与生态综合效益评估与生态补偿机制;⑤林区生态作用及生态林区建设;⑥天然林资源保护工程及森林资源安全;⑦植被恢复与森林质量优化;⑧城乡绿化及绿色通道建设;⑨林木种植-采伐-保护综合管理体系等。

8. 畜牧业发展和谐论

畜牧业是利用畜禽等已经被人类驯化的动物,或者鹿、貂、鹌鹑等野生动物的生理机能,通过人工饲养、繁殖,使其将牧草和饲料等植物能转变为动物能,以取得肉、蛋、奶、羊毛、皮张、蚕丝和药材等畜产品的生产部门,是农业的重要组成部分,与种植业并列为农业生产的两大支柱。但是,正如定义所述,畜牧业需要消耗大量的饲料,人工饲养需要植物秸秆、粮食等食料等,而散养的形式则要消耗天然牧草等资源,部分动物食草习惯是连根拔起的粗犷吃法,很容易造成草地的退化,进而引发土地沙漠化等问题。因此,需要同时兼顾保障人类所需畜产品持续供应、保护好草场等资源,走和谐发展之路。

畜牧业发展和谐论主要应用领域包括:①畜牧业发展规划顶层设计与和谐发展;②生态平衡战略与畜牧业发展规划;③草场载畜量与养殖规模;④畜牧业

综合生产能力和保障市场有效供应能力协调关系；⑤畜群结构优化与控制；⑥草原综合效益评估与生态补偿机制；⑦草地资源保护及资源安全；⑧城郊畜牧业发展与副食品基地建设；⑨畜禽养殖污染控制与绿色畜牧业生产；⑩畜牧业综合管理与安全保障体系。

9. 经贸金融和谐论

经贸金融是与经济学有关的行业的总称，包括经济、贸易和金融三大方面，是社会发展过程中非常重要且十分活跃的部门。由于经贸金融涉及方面广、影响因素极其复杂和微妙，在研究过程中不仅要利用和谐的思想统一协调，还要使用博弈理论，起到各要素间的相互制约作用以促进社会经贸金融系统和谐发展。

经贸金融和谐论主要应用领域包括：①经济、贸易、金融规则顶层设计与和谐发展；②自然和社会资源配置与经济分析；③经济危机与稳定；④贸易规则与模式；⑤贸易平稳与失衡；⑥银行、证券、保险、信托等金融市场建设；⑦融资体系、稳定制度和调控机制。

10. 安全稳定和谐论

安全稳定的社会环境是人类生存和发展的重要保障，正如个人追求安全感一样，安全稳定的社会环境也是国家或区域的基本诉求。为了维系社会和国家的安全稳定，需要开展一系列国防建设，包括边防、海关、空防和人防建设，国防教育和军事训练等，是一个复杂的系统工程。随着经济社会的发展，社会矛盾愈加复杂和多元化，维护社会安全稳定的任务也更加艰巨，必须深入贯彻和谐思想。

国防建设和谐论主要应用领域包括：①国防建设顶层设计与和谐发展；②国家安全和发展战略；③经济建设和国防建设融合发展；④军民深度融合协同发展；⑤国防建设体制机制与政策法规体系；⑥海洋开发和海上维权；⑦国防建设与国际关系。

（二）和谐论的研究进展

水作为人们生产、生活和发展的基础物质支撑，加之近年来水多、水少、水脏、水生态恶化等问题不断涌现，人水和谐关系的研究空前繁盛。在此，以人水和谐为主线，简单介绍和谐论的应用研究进展。

对人水关系概念和内涵的研究，使得人水和谐不再停留于抽象的哲学概念和概念化的奋斗口号上，开始走向应用实践。李菲等提出要给水以"权利"和

"自由",建立和谐的人水关系,才能保证水资源的可持续利用。① 陈家琦②、蔡其华③、汪恕诚④、邓铭江⑤以及李佩成⑥等一大批学者先后提出人水和谐是解决人水关系的重要理念,是治水之道,指出需要将该理念用于处理水资源开发与保护之间的关系,将治水与水的自然规律相结合,坚持科学发展观,完成时代赋予的重任。李其林等提出要从不同层面和不同角度来认识人水和谐,要通过遵循客观规律治水、依法治水、统筹发展等途径实现人水和谐。⑦ 周垂田等从"天人之学"角度探讨了为什么要建立和谐的人水关系以及如何建立。⑧ 陈阿江认为人水关系本质仍为人与人的关系,是人与自然关系的重要组成部分,并指出实现"人水不和谐"向"人水和谐"转变的前提是重视中国当代的时代特征。⑨余达淮等认为人水关系的和谐发展是道德的必然产物,是水文化的根本价值所在。⑩ 张盛文以哲学为研究视角,分析了人水关系的系统观、矛盾观、价值观以及发展观等。⑪ 借鉴博弈论的理论和方法对人水关系中存在的矛盾问题进行分析,也能体现人水关系的和谐特点。2014 年,左其亭等阐述了最严格水资源管理制度与人水和谐之间的联系,并论述了在实行最严格水资源管理制度中坚持人水和谐的重要性及人水和谐理念在最严格水资源管理制度中的应用,进一步提出了基于人水和谐理念的最严格水资源管理制度研究框架,探讨在这一框架下最严格水资源管理制度的核心体系和主要内容。⑫

---

① 李菲,惠泱河.试论水资源可持续利用的价值伦理观[J].西北大学学报(自然科学版),1999,29(4):353-356.

② 陈家琦.人与水[J].中国发展观察,2005(3):8-9.

③ 蔡其华.维护健康长江 促进人水和谐[J].中国水利,2005(8):7-9.

④ 汪恕诚.坚持人与自然和谐相处,破解我国水资源问题[J].人民论坛,2006,10(19):3-6.

⑤ 邓铭江.干旱区人水和谐治水思想的探讨[J].干旱区地理,2007,2(30):163-169.

⑥ 李佩成.论人水和谐[J].中国水利,2010(19):62-64.

⑦ 李其林,李秀良.人水和谐的基本特征和实现途径[J].水利学报,2005:235-238.

⑧ 周垂田,董温荣,宋霞.天人之学与建立和谐人水关系[J].中国水利,2006(10):57-57.

⑨ 陈阿江.论人水和谐[J].河海大学学报,2008,10(4):19-24.

⑩ 余达淮,张文捷,钱自立.人水和谐:水文化的核心价值[J].河海大学学报,2008,10(2):20-22.

⑪ 张盛文.关于人水关系的哲学思考[J].佳木斯大学社会科学学报,2012,30(2):30-32

⑫ 左其亭,胡德胜,窦明,等.基于人水和谐理念的最严格水资源管理制度研究框架及核心体系[J].资源科学,2014,36(5):906-912.

第二节 和谐论在水安全保障中应用的必要性和可行性

和谐论是现阶段自然科学、社会科学应用非常广泛的理论,水安全是目前政府层面非常关注的问题,为了更好地保障各部门、各阶段的水安全,应开展基于和谐论的水安全保障研究。本节在剖析水安全问题的基础上,论证和谐论在水安全保障研究中应用的必要性和可行性。

一、水安全问题剖析

随着人口增加、经济社会发展,水资源供需矛盾日益突出已成为不争的事实,水危机也随之更加严峻。为了提升水安全保障能力,必须先明确当前面临的主要水安全问题。

(一)水资源短缺

水资源短缺是在人口快速增长、生活水平不断提升而水资源总量基本不变的情势下势必要面对的重要问题。此外,不同地区的水资源禀赋差异较大、人口密度分布与水资源时空布局不匹配、全球变暖、极端干旱事件等因素,使得我国的很多地区面临着严峻的水资源短缺问题。比如华北地区,由于华北地区地势相对平坦,铁路等交通发达,在经济的带动下,人口密度不断攀升。但是,华北的年降水量、水系数量和河网密度等先天条件显著劣于南方地区,水资源短缺非常严重。为了保证社会的发展,有些地区过度开采地下水,逐渐形成地下水漏斗,且漏斗区域面积在不断增加。这种无序开采会引起地面不均匀沉降等问题,危及人们生命财产安全,是不可持续的发展模式。

(二)洪涝灾害频发

经济社会的持续发展,产生了大量的温室气体,长期的积累效应引起气温升高,极地冰川融化增多,部分河流水量变大,水面面积增加,蒸散发量增多,在大气环流、地形等作用下形成极端降水。而城市化进程的推进增加了不透水面积,管网等设施的建设也缩短了径流的汇流时间,造成洪峰量值增大、峰现时间提前,易引发城市洪涝。

（三）水污染严峻

水资源有使用就有排放，如果未控制在可排放标准以内，即不达标就会造成水体污染。水体污染主要分为点源污染和面源污染。其中，点源污染是指有固定排放点的污染源，主要是由一般工业污染源和生活污染源产生的工业废水和城市生活污水组成，经城市污水处理厂或经管渠输送到水体排放口，作为重要污染点源向水体排放。这种点源含污染物多，成分复杂，其变化规律依赖于工业废水和生活污水的排放规律，即有季节性和随机性。面源污染没有固定污染排放点，比如，没有排污管网的生活污水的排放，农田污染物在降水径流过程中随地表径流进入水系。这类污染一般较难管控，因为涉及面积大，可控力度有限。

（四）水生态恶化

为了农耕、建房、交通等活动的需要，人们对森林和土地资源的索取居高不下。在有限的生长速度条件下，森林植被不断恶化，对土壤的固定作用减弱。因此，一旦出现较大强度的降水，很容易发生水土流失，造成河湖淤积、土地沙化甚至是泥石流等灾害。

二、和谐论在水安全保障中应用的必要性

（一）水安全保障的出发点是"和谐"，而不是"博弈"

水资源研究中经常用到博弈论。博弈论（game theory），是一种研究具有斗争或者竞争性质现象的多人决策的理论方法，属于运筹学的一个重要分支。博弈论主要用于经济学研究，之后又逐渐扩展到了政治、军事、文化和自然科学等领域，也可用于水资源管理中的水权分配、水资源配置、水市场及水资源管理。

但是，博弈论存在一些不足之处：其一，从博弈论的定义可以看出，博弈论仅研究具有斗争或者竞争性质的现象，但是在现实生活中，存在斗争或竞争关系的现象，也存在着相互制约、对立统一的一面。如果完全依赖这种方法，难以取得长效；其二，对于某些现象或问题，博弈论存在"尺有所短"的地方，对于诸如"公地悲剧"等问题，博弈论则束手无策。在水资源管理中，也会出现类似于"公地悲剧"的现象，比如跨界河流分水问题，如果按照各地区公平取水的原则进行无节制取水，而不考虑人与河流的和谐共处原则，就会造成有限的河流水资源量逐渐减少，甚至枯竭。因此，应该在分析水资源管理问题过程中引入和

谐分析思想。

(二)水安全保障走"和谐"之路是人类发展的必然选择

辩证唯物主义认为,人是自然界的一部分,自然界是人的肉体,人类任何对自然的破坏都会最终殃及人类自己。因此,在人类发展的同时,一定要尊重自然、敬畏自然,不能无限制地索取。

要保障水安全,势必要采取一系列的水资源管理措施,处理好各地区、各用水部门之间的用水矛盾。无论是协调人与人的关系,还是人与自然的关系,走和谐之路是必然选择。

具体从水资源管理目标来分析,水资源管理目标可概括为如下 6 点:①改革水资源管理体制,建立权威、高效、协调的水资源统一管理体系;②以《水法》为根本,建立完善水资源管理法规体系;③以水资源和水环境承载力为约束,合理开发水资源、提高用水效率;④发挥政府监管和市场调节作用,建立水权和水市场有偿使用制度;⑤强化节水管理,建立节水型社会;⑥通过水资源优化配置,满足各类用水需求,支持经济社会可持续发展。这其中包含了很多的"和谐论"思想,比如:①中提到的"统一管理",就是为了避免博弈论中可能出现的"公地悲剧"现象,将各用水部分进行统一管理;③中提到的约束条件,暗示了我们要尊重自然界,不能一味地按人类的意愿无限开发水资源,体现了人水和谐思想;⑥中则指出可通过人为的调配方法提高"人与水"的和谐程度。

此外,与水资源管理目标相对应,我国前几年也提出了相应的水资源管理原则——"统一规划、统一调度、统一发放取水许可证、统一征收水资源费、统一管理水量水质,加强全面服务的基本管理",简称"五统一、一加强"。这五个统一,也体现着和谐思想。

(三)水安全保障问题复杂,必须贯彻和谐思想

水安全保障是一个涉及面非常广泛的系统性工程,其主体与客体(即人类与水系统)之间的关系也十分复杂,很难将二者清楚地剥离开来研究,也无法明确的梳理二者的相互作用关系。人口增长、经济发展以及气候变化等都与水安全有着直接或间接的关系,水安全保障研究应在深入剖析与水危机有关的各方面,开展系统分析。因此,应从辩证唯物主义出发,采取和谐的思想开展水安全保障的研究,应用和谐论是非常必要的。

三、和谐论在水安全保障中应用的可行性

水安全问题通常指相对人类社会生存环境和经济发展过程中发生的与水有关的危害问题,例如洪涝、溃坝、水量短缺、水质污染等并由此给人类社会造成损害,例如人类财产损失、人口死亡、健康状况恶化、生存环境的舒适度降低、经济发展受到严重制约等。水安全保障是实现水安全的一系列保障措施形成的体系。

以和谐论量化研究为主要特色的和谐论理论方法体系,是左其亭教授提出的适用于"人与自然协调发展"研究的重要理论。它采用辩证唯物主义的观点研究"对立与统一"的关系,且已形成较完善的分析、辨识、计算、评价和调控体系。目前,和谐论已广泛应用在"人-水"关系研究中。左其亭等在研究人水系统的基础上,首次提出了人水和谐量化研究方法体系,并开展了实例研究;[①]左其亭等从保证水资源可持续发展的角度出发,将和谐论等现代治水理念引进水资源管理研究中,对提升和改善水资源管理水平和现状有重要意义;[②]崔国韬等将和谐论中的和谐量化方法引入河湖水系连通战略研究中,构建了人类活动对河湖水系连通影响量化指标体系和评估方法,并以淮河流域为实例研究。结果证明和谐论中的和谐量化方法在河湖水系连通研究中是可行的;[③]郭唯等针对日益严峻的人-水-经济矛盾,以河南省为例研究了省内 18 个城市近年来的和谐发展水平;[④]左其亭在专著中也列举了和谐论的典型例子,如和谐论在构建和谐社会、和谐校园,和谐论在国际关系、建筑等方面的应用等。[⑤]

综上所述,针对水安全问题所表现出的水多(洪涝灾害)、水少(水资源短缺)、水脏(水污染、生态恶化)以及由水问题引发的粮食减产、生命财产受损、经济社会发展迟缓和地区冲突等一系列问题,和谐论均已开展相应的研究。显而

[①] 左其亭,张云.人水和谐量化研究方法及应用[M].北京:中国水利水电出版社,2009.

[②] 左其亭,马军霞,陶洁,等.现代水资源管理新思想及和谐论理念[J].资源科学,2011,33(12):2214-2220.

[③] 崔国韬,左其亭.人类活动对河湖水系连通关系的影响及量化评估[J].水资源研究,2012(1):326-333.

[④] 郭唯,左其亭,马军霞,等.河南省人口-水资源-经济和谐发展时空变化分析[J].资源科学,2015,37(11):2251-2260.

[⑤] 左其亭.和谐论:理论·方法·应用[M].2 版.北京:科学出版社,2016.

易见,利用和谐论理论开展水安全研究是可行的。

第三节 和谐评估方法在水安全评估中的应用

前面两节已简要介绍了和谐论的基本概念和内涵、主要内容和应用领域,论述了和谐论在水安全保障中应用的可行性。本节将以河南省为例,介绍和谐评估方法在水安全评估中的应用。

一、研究区概况

河南省,地处中国中东部、黄河的中下游和淮河上中游,海拔 23.2～2413.80m。河南省总面积 16.7 万 km²,地势呈西高东低分布,境内以平原和盆地、山地和丘陵地貌为主。河南横跨海河、淮河、黄河和长江四大水系,位于温带季风气候和亚热带大陆性季风气候区,四季分明,雨热同期,年均降水量 500～900mm,且南部和西部山地降水量较大。河南不仅是我国第一农业大省、第一粮食生产大省,也是重要的经济大省和新型工业大省。2015 年,常住人口达 9480 万人,人口自然增长率为 5.65‰,农田灌溉用水量占全省总用水量的半数以上。2015 年全省实现地区生产总值 3.7 万亿元,三次产比例结构为 11.4：49.1：39.5。

河南省存在的水问题主要包括以下 4 个方面:①水资源短缺日益严重,人均用水量少;②洪涝灾害频发;③用水效率低,且水资源浪费现象严重;④水环境污染状况堪忧。因此,需开展河南省区域水安全定量研究,以评估近年来本地区水安全形势及未来发展态势,为今后更好地保障区域经济社会发展提供支撑。

二、区域水安全的和谐评估

(一)构建指标体系

目前,相关研究中已初步建成的水安全评价指标体系,主要包括 6 个部分,分别为水资源供需、生态环境、粮食安全、控制灾害、水价值和水资源管理。考虑到水价值和水资源管理的量化难度较大,且存在很大的主观性,本书选择前 4 个部分来筛选指标,构建区域水安全和谐评估指标体系。首先构建水安全保障综合指标,用于表征水安全保障能力,该综合指标作为评估指标体系的目标层,目标层下分 4 个准则层,包括水资源供需、生态环境、粮食安全、控制灾害。其中,水资源供需分别从水资源条件、可供水量和需水量 3 个方面进行指标的选择:①生态环境方面,主要考虑水环境安全;②粮食安全方面,分别从粮食需求和供给两方面着手;③控制灾害层面从洪涝灾害、干旱灾害和控制措施方面选择。本书最终选定了 9 个分类层共计 21 个指标,所选指标的数据均来源于《河南省水资源公报》《河南省社会经济发展统计公报》《中国水旱灾害公报》《河南省环境统计公报》等资料。

(二)和谐评估计算

本书采用左其亭教授 2008 年提出的"单指标量化-多指标综合-多准则集成"方法(简称 SMI-P 方法)[1][2]来进行水安全指标体系的计算。从表 6.2 中可看出,本书所构建的水安全评估指标体系共分为 3 层,由高到低分别为准则层、分类层和指标层。计算整体的水安全和谐程度则需要从低到高逐层计算,计算步骤简便,即:①计算各指标的分段线性隶属度;②根据多指标加权计算方法计算各个分类层以及各准则层的和谐度;③根据不同准则的和谐度加权计算获得最终的水安全的和谐度。

1. 单指标定量分析

由于所选的指标量纲各不相同,无法直接进行对比分析和计算。因此,在 SMI-P 方法中,采用模糊隶属度的方法将各个指标通过隶属度函数分别映射到 [0,1] 的范围之内。具体做法如下:

首先,将指标分为正向、逆向和双向指标 3 类。其中,正向指标即数值越大,整体的和谐度越大,如水资源总量、植树造林面积等;逆向指标指数值越小,整体的和谐度越大,如农业用水定额、废污水排放量等;而双向指标则表示整体和谐度随着数值的逐渐增大,呈现先升高后下降的趋势。SMI-P 方法还假设每个正向或逆向指标都存在 5 个特征值(双向指标存在 10 个),分别称为最差值、较差值、及格值、较优值和最优值。

---

① 左其亭,张云.人水和谐量化研究方法及应用[M].北京:中国水利水电出版社,2009.

② 郭丽君,左其亭.从和谐论看水资源开发利用方略[J].水资源与水工程学报,2010,21(6):81-85.

2. 多指标综合计算

根据单一指标隶属度及其相应的权重,通过加权算法分别计算各分类层的和谐度。具体计算公式如下:

$$\mathrm{HD}_{jm}(T) = \sum_{i=1}^{n} w_{jmi} \mathrm{SHD}_{jm}\left[X_{jm}^{i}(T)\right] \tag{6-6}$$

式中,$\mathrm{HD}_{jm}(T)$ 为 T 时刻第 j 个准则层的第 m 个分类层和谐度;n 为某分类层所包含的指标个数,不同分类层对应不同的数值;w_{jmi} 为第 j 个准则层的第 m 个分类层所包含的第 i 个指标的权重;$\mathrm{SHD}_{jm}\left[X_{jm}^{i}(T)\right]$ 为 T 时刻第 i 个指标的数值 $X_{jm}^{i}(T)$ 的隶属度。

3. 多准则集成计算

利用多准则集成方法,分别计算水资源供需、生态环境、粮食安全和灾害控制 4 个准则层的各分类层的和谐度;同样的,利用权重加权求和思想计算各准则层的和谐度;最后,得出整体的水安全和谐度。

$$\mathrm{HD}(T) = \sum_{j=1}^{4} \beta_j \sum_{m=1}^{q_j} \alpha_{jm} \mathrm{HD}_{jm}(T) \tag{6-7}$$

式中,α_{jm} 为第 j 个准则层中第 m 个分类层的权重;q_j 为第 j 个准则层所包含的分类层个数,β_j 为第 j 个准则层的权重,$\mathrm{HD}(T)$ 为 T 时刻的水安全保障综合指标整体和谐度。

为了使表述更直观简便,根据和谐度的大小,以 0.2 为间隔,将和谐状态划分为 5 个等级(此处未考虑和谐程度为负的敌对状态情况),如表 6.1 所示。

表 6.1　和谐程度等级划分标准

和谐度	0	(0,0.2)	[0.2,0.4)	[0.4,0.6)	[0.6,0.8)	[0.8,1)	1
和谐等级	完全不和谐	基本不和谐	较不和谐	接近不和谐	较和谐	基本和谐	完全和谐

三、结果和讨论

(一)分类层和谐度计算

根据河南省 2006—2014 年各指标数据及相应的单指标量化方法,得到河南省水安全和谐量化评价指标体系各分类层的和谐度,具体结果见表 6.2～表 6.4。

表 6.2　各指标和谐度计算结果

准则层	权重	分类层	权重	指标	权重	性质	2006年	2007年	2008年	2009年	2010年	2011年	2012年	2013年	2014年
水资源供需	0.39	水资源条件	0.62	水资源总量	0.16	正向	0.6028	0.8152	0.6789	0.6135	0.8849	0.6122	0.3666	0.1509	0.4430
				人均水资源量	0.54	正向	0.4554	0.6714	0.5487	0.4597	0.7230	0.4253	0.3037	0.1590	0.3316
		可供水量	0.24	亩均用水量	0.30	逆向	0.6133	0.7800	0.7867	0.7533	0.7867	0.7600	0.7800	0.6333	0.7067
				地表水控制利用率	0.26	双向	0.7067	0.6387	0.6807	0.7180	0.6433	0.7333	0.7227	0.7910	0.7385
				平原区浅层地下水开采率	0.33	双向	0.5835	0.5303	0.4965	0.4230	0.4793	0.5123	0.5033	0.6070	0.5963
		需水量	0.14	废污水排放量	0.41	逆向	0.5825	0.5303	0.5121	0.4923	0.4532	0.3834	0.5567	0.3338	0.4160
				人均地区生产总值	0.45	逆向	0.0000	0.0111	0.1526	0.2347	0.3081	0.3743	0.4209	0.4562	0.5020
				农业用水定额	0.30	逆向	0.2323	0.5850	0.5959	0.6013	0.7151	0.7452	0.7553	0.7580	0.7417
				工业用水定额	0.17	逆向	0.2041	0.3253	0.5347	0.5358	0.6350	0.7055	0.7060	0.7275	0.7876
				人均用水量	0.09	逆向	0.6333	0.6093	0.6347	0.6427	0.6293	0.6493	0.6720	0.6747	0.6320
生态环境安全	0.07	水环境安全	1.00	I、II、III类河流占总评价河长比例	0.5	正向	0.3870	0.1905	0.2685	0.3180	0.4595	0.3212	0.4409	0.4314	0.5055
				化学需氧量排放量	0.5	逆向	0.7289	0.7612	0.7698	0.7068	0.7761	0.6127	0.6213	0.6292	0.6363
粮食安全	0.29	粮食需求	0.50	人均产粮	1.00	正向	0.7289	0.7612	0.7698	0.7068	0.7761	0.6127	0.6213	0.6292	0.6363
		粮食供给	0.50	吨粮用水量	1.00	逆向	0.5304	0.5203	0.5146	0.5147	0.5202	0.5222	0.5183	0.5158	0.5143
控制灾害	0.25	洪涝灾害	0.37	洪涝受灾人口	0.22	逆向	0.3206	0.6554	0.5340	0.4782	0.6451	0.6759	0.6470	0.5781	0.7762
				死亡人数	0.53	逆向	0.6435	0.2977	0.7735	0.7318	0.1002	0.7738	0.7151	0.7363	0.7739
				直接经济总损失	0.13	逆向	0.7733	0.1920	0.6400	1.0000	0.0690	0.7600	0.7200	0.7733	1.0000
				农作物受洪灾面积	0.12	逆向	0.6878	0.2700	0.7600	0.7786	0.0499	0.7290	0.7924	0.7076	0.6304
		干旱灾害	0.30	农作物受旱灾面积	0.50	逆向	0.5175	0.1478	0.7843	0.7764	0.0500	0.7602	0.7177	0.7612	0.6045
				因旱饮水困难人口	0.50	逆向	0.6173	0.6485	0.7053	0.2525	0.6336	0.5398	0.5492	0.7096	0.1144
		控制措施	0.33	植树造林面积	1.00	正向	0.4563	1.0000	0.7750	0.6250	1.0000	0.7855	0.7700	0.7122	0.3458

表 6.3　各分类层和谐度变化表

分类层	2006 年	2007 年	2008 年	2009 年	2010 年	2011 年	2012 年	2013 年	2014 年
水资源条件	0.5264	0.7270	0.6409	0.5724	0.7680	0.5556	0.4567	0.3000	0.4619
可供水量	0.6151	0.5584	0.5508	0.5281	0.5112	0.5169	0.5822	0.5428	0.5593
需水量	0.1347	0.2900	0.3659	0.3893	0.4611	0.5119	0.5360	0.5564	0.5823
水环境安全	0.5580	0.4759	0.5192	0.5124	0.6178	0.4669	0.5311	0.5303	0.5709
粮食需求	0.5304	0.5203	0.5146	0.5147	0.5202	0.5222	0.5183	0.5158	0.5143
粮食供给	0.3591	0.4796	0.3991	0.3715	0.4465	0.4523	0.4198	0.3672	0.5238
洪涝灾害	0.7030	0.2201	0.7023	0.8854	0.0711	0.7590	0.7281	0.7552	0.8547
干旱灾害	0.5368	0.8242	0.7402	0.4387	0.8168	0.6627	0.6596	0.7109	0.2301
控制措施	0.4181	0.0287	0.8685	0.9064	0.6209	0.5349	0.6499	0.6084	0.5850

1. 权重确定

权重计算方法很多,大致分为主观权重、客观权重和组合权重 3 类。其中主观权重确定方法有层次分析法、环比评分法、最小平方法等;客观权重确定方法有熵值法、主成分分析法、离差及均方差法、多目标规划法等;组合权重,即通过主观权重与客观权重方法的联合使用来确定最终的权重。为方便计算和理解和谐量化在水安全状态评估中的使用,本文参考客观权重计算结果,采用主观方法人为确定各个分类层的权重,具体权重值详见表 6.2。

2. 分类层和谐度

(1)水资源条件分类层。分析表 6.2 可知,2006 年、2012 年、2013 年和 2014 年的水资源总量和人均水资源量子和谐度较小,这是由于水资源主要来自于降水的补给,而这几年内的降水量又较其他年份少,故这两个指标的和谐度量值较小。河南省是农业大省,灌溉用水量占总用水量的一半以上,且亩均用水量不仅受灌溉技术的限制,更容易受自然条件的影响,尤其是降水量。故 2006 年、2013 年的亩均用水量指数较低。

(2)可供水量分类层。近年来,河南省经济社会发展迅猛,需要大量水资源的支撑,因此,利用成本低、恢复相对较快的地表水控制利用率指数大致呈波动性减少趋势;但是,随着地表水开发过程中污染问题日益严重,为了保障人们生活,不得不加大地下水开采,因此,平原区浅层地下水开采率指数呈现降低后上升趋势;废污水排放量指数呈先平稳下降,后波动性变化趋势,说明 2006—2011 年废污水排放量在逐年增长,2012 年虽有所减少,但之后又逐渐增加,也反映经济在持续发展;人均地区生产总值是经济发展的重要表征,指数的逐年增加说明经济在持续平稳增长;农业用水定额指数、工业用水定额指数均呈现阶段性增长,并逐渐趋于稳定,说明近年来实施的农田水利建设、工业节水改造等均已取得成效,应继续保持推进;人均用水量指数呈现波动性下降趋势,说明随着经济社会发展,人均地区生产总值的增多,人们对生活质量的要求不断提高,人均用水量在波动性上升。但是,伴随着政府一系列节水措施的实施、节水器具的推广,2014 年的人均用水量已开始有所下降。

(3)粮食安全分类层。人均产粮量基本保持不变,说明每年为每人提供的粮食数量基本是恒定的;但是,生产每吨粮食所消耗的水资源量指数却缓慢在减少,对比前面提到的农业用水定额指数增加,说明虽人们生活水平在不断改善,食物要求越来越精细,也更加注重粮食的深加工,但此过程中的用水效率却有所提升。

(4)控制灾害分类层。洪涝灾害指数一般较好,但若遇到极端洪涝灾害,便会造成严重的生命财产损失。因此,指数基本平稳,但偶尔出现快速降低现象;旱灾主要是降水太少导致的,所以其指数变化与水资源条件变化趋势大致相同;控制灾害的措施本文指的是植树造林面积,从表 6.2 中可看出,植树造林面积近年来较稳定,基本维持在 400 万亩左右。

(二)准则层和谐度计算

1. 权重确定

准则层权重确定方法采用与分类层权重确定相同的方法,即通过参考客观权重计算结果,采用层次分析法确定各准则层的权重,具体权重值详见表 6.2。根据各分类层权重及其和谐度大小,得到各准则层和谐度数值,如表 6.4 和图 6.2 所示。

表 6.4 各准则层和谐量化结果

准则层	2006 年	2007 年	2008 年	2009 年	2010 年	2011 年	2012 年	2013 年	2014 年
水资源供需	0.5008	0.6330	0.5888	0.5442	0.6713	0.5484	0.5064	0.4027	0.5101
生态环境	0.5580	0.4759	0.5192	0.5124	0.6178	0.4669	0.5311	0.5303	0.5709
粮食安全	0.4448	0.4999	0.4568	0.4431	0.4834	0.4873	0.4691	0.4415	0.5190
控制灾害	0.5591	0.3382	0.7685	0.7583	0.4762	0.6562	0.6817	0.6935	0.5783
水安全系统	0.5031	0.5097	0.5906	0.5662	0.5643	0.5519	0.5411	0.4956	0.5340
和谐度等级	接近不和谐	接近不和谐	接近不和谐	接近不和谐	接近不和谐	接近不和谐	接近不和谐	接近不和谐	接近不和谐

2. 准则层和谐度

由表 6.4、图 6.2 分析可知,"水资源供需"和谐度基本在 0.40~0.67 波动

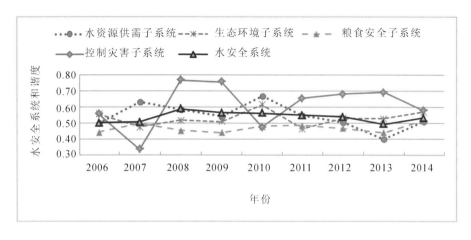

图6.2 2006—2014年河南省水安全系统和谐度结果变化

性变化,且表现出下降趋势,说明水资源供需矛盾在不断的协调和适应过程中,但是水资源供需矛盾形势愈加严峻。因此,应合理控制地表水利用率、浅层地下水开采量,并严格限制废污水的排放量,增加可供水量。生态环境指标包括III类以内河流所占的比例以及化学需氧量排放量,反映的是流域整体河流的健康状况。从图6.2中可知,除了2007年、2011年指数有所下降外,其余年份生态环境状态基本在波动性好转,这与废污水处理率和处理能力的提高密不可分。粮食安全状态基本保持不变,说明近年来粮食的供需大致保持平衡。控制灾害方面,由于干旱、洪涝灾害发生的偶然性,尤其是洪涝灾害,一旦发生,必定对人们的生活、生产造成一定的影响,故在灾害严重的年份控制灾害指数有较大幅度的降低,其余年份则相对较好。

3. 水安全保障综合指标和谐程度

水安全保障综合指标的整体状态呈先好转后又逐渐稳定,随后又逐渐下降趋势,且在严重洪涝灾害发生的年份,水安全程度明显下降,如2007年、2010年,但水安全保障综合指标和谐等级整体保持在接近不和谐与较和谐水平。当洪涝灾害强度一般,而水资源供需矛盾尖锐时,也会引起水安全程度的下降,如2006年、2013年。此外,当粮食供需出现问题时,也会导致水安全程度的降低,如2009年、2013年。总之,水安全波动性变化趋势,首先说明了各个准则层之间在不断地协调和适应过程中,且各个子系统对水安全程度的影响大小各有不同,影响最直接、最明显的是灾害控制(虽然它所占权重不是最大),这是因为,安全本身就是人的一种主观感受,当生命财产受到威胁时,最易产生不安全的感觉,故其变化趋势与水安全程度曲线变化最为同步;其次是水资源供需矛盾,它与水安全存在一个时间上提前的现象。如果将水安全程度变化曲线提前一年,则二者的升降起伏则表现同步变化,说明水安全程度受上一年水资源供需条件的影响,这跟水资源的形成需要时间的物理过程相对应。

综上所述,2006—2014年河南省水安全程度整体缓慢变化,一直呈现接近不和谐状态,说明水安全系统仍非常脆弱,需要采取一系列措施扭转水安全系统和谐度下降态势。考虑组成水安全系统各准则层的变化趋势及其重要性,需在以下几方面努力:首先,要协调好水资源供需矛盾,保障人们的生产、生活用水安全;其次,要加强对人们生命财产造成严重威胁的极端灾害的控制,虽然洪涝灾害发生的概率不大,但是一旦发生,便会造成严重后果,因此,要提前做好预案和预警工作,时刻做好抗灾准备;再次,要继续落实农田水利设施建设,在保障人均粮食产量的前提下进一步节约吨粮用水量;最后,要加强水生态环境保护,控制污水及化学需氧量排放量,提高水质达标率,保障用水安全。

四、关键影响因素识别

为开展更有针对性的水安全保障研究,拟采取灰色关联分析方法识别出对水安全系统和谐程度影响较大的若干个因素。为保证考虑所有影响系统和谐度的因素,本小节仍采用与前面介绍的系统和谐度计算时所列的各项指标,将这些指标作为子序列,将水安全保障综合指标和谐度计算结果——各年的和谐度数值作为母序列。通过灰色关联度模型构建以及灰色关联度分析来判断各因素对水安全保障综合指标和谐度的影响强弱排序。

(一)关联矩阵的计算

首先,对原始数据进行排列(表6.5);其次,将原始数据做初始化处理,以去除各序列的原始数据得到初值化数列(表6.6);然后,计算各子序列与母序列在同一时刻的绝对差 $\Delta_{ij}(t)$,具体计算公式如下:

$$\Delta_{ij}(t) = \left[Y_i(t) - X_j(t) \right] \quad (i=1; j=1,2,\cdots,20) \quad (6\text{-}8)$$

从绝对差计算结果中找出最大值与最小值。从表6.7中可知,最大值、最小值分别为:$\Delta_{max}=17.021,\Delta_{min}=0$。计算关联系数 $L_{ij}(t)$,计算公式如下:

$$L_{ij}(t) = (\Delta_{min} + p_{max})/(\Delta_{ij}(t) + p\Delta_{max}) \quad (i=1; j=1,2,\cdots,20) \,(6\text{-}9)$$

式中,分辨系数 $p=0.5$,计算各关联系数(表6.8)。利用表6.8分别将各个子序列各时刻的关联系数相加并除以总年数,则得到关联度。最后得到的关联度:

$$R=(r_{11}\ r_{12}\ r_{13}\ r_{14}\ r_{15}\ r_{16}\ r_{17}\ r_{18}\ r_{19}\ r_{110}\ r_{111}\ r_{112}\ r_{113}\ r_{114}\ r_{115}\ r_{116}\ r_{117}\ r_{118}\ r_{119}\ r_{120})$$

$$=(0.976\ 0.973\ 0.978\ 0.975\ 0.991\ 0.986\ 0.923\ 0.951\ 0.951\ 0.990\ 0.981\ 0.994\ 0.975\ 0.882\ 0.817\ 0.842\ 0.894\ 0.952\ 0.935\ 0.944)$$

(二)关键影响因素结果及分析

根据计算的关联度 R 的大小,按照各要素与复合系统和谐度的"密切"程度排列可得:

$$L_{112}(t)>L_{15}(t)>L_{110}(t)>L_{111}(t)>L_{13}(t)>L_{11}(t)>L_{14}(t)>L_{113}(t)>$$
$$L_{12}(t)>L_{118}(t)>L_{18}(t)>L_{19}(t)>L_{120}(t)L_{119}(t)>L_{17}(t)>L_{117}(t)>L_{114}(t)>$$
$$L_{116}(t)>L_{115}(t)。$$

由以上各表计算结果可知,与水安全关联程度较强的为人均产粮量、平原区浅层地下水开采率、人均用水量、废污水排放量、I、II、III类河流占总评价河长比例。密切程度排第一的是人均产粮量,毕竟"民以食为天",如果连基本的生存都无法保障,其余的一切便都是空谈。排第二的是平原区浅层地下水开采率,与水系发达的南方地区相比,河南的地表水资源含量相对匮乏,但是人口密度却很大,因此对浅层地下水的开采强度较大。若是过度开采地下水,则难以实现长期水资源可持续利用,更无法保障水安全。排第三的是人均用水量,我国人均水资源量较少的事实也影响了人们的生活水平,更会制约经济社会的进步。因此,为了保障水安全,应做好中水回用、一水多用等工作,从另一个方面增加水资源可利用量,保障水安全。排第四的是废污水排放量,有用水就必定有排水,但由于自然河流、湖泊等的纳污能力有限,且需要一个时间过程。随着经济社会发展,废污水排放量日渐增加,为了水安全形势不致恶化,必须加快废污水处理基础的改进,提高废污水处理能力。排第五的是 I、II、III 类河流占总评价河长比例,水是生态之基,健康的生态环境是人类生存的基本支撑,不仅可以提供丰富的物质材料,还能提供娱乐休闲的功效,对提高生活水平具有显著作用等。而达标河长比正是生态健康与否的标志,为了保障水安全,必须采取河道综合治理等措施,提高水质达标比例。

表 6.5 水安全系统灰色关联分析指标体系

序列	分类	指标要素	代码	2006 年	2007 年	2008 年	2009 年	2010 年	2011 年	2012 年	2013 年	2014 年
母序列		整体和谐度	Y_1	0.5031	0.5097	0.5906	0.5662	0.5643	0.5519	0.5411	0.4956	0.534
子序列	水资源条件	水资源总量	X_1	321.800	465.200	371.300	328.773	534.890	327.938	265.538	215.201	283.370
		人均水资源量	X_2	327.699	471.375	374.370	329.862	522.966	312.649	251.862	203.001	265.788
		亩均用水量	X_3	198.000	167.000	172.000	177.000	168.000	164.000	167.000	195.000	156.000
		地表水控制利用率	X_4	26.000	15.800	22.100	27.700	16.500	30.000	28.400	38.647	30.780
	可供水量	平原区浅层地下水开采率	X_5	62.200	69.300	73.800	83.600	76.100	71.700	72.900	59.300	60.493
		废污水排放量	X_6	41.170	44.650	45.857	47.182	49.790	54.440	42.890	57.750	52.270
		人均地区生产总值	X_7	12692.556	15257.949	18559.972	20477.000	22431.248	25962.475	28447.444	30332.855	32771.542
	需水量	农业用水定额	X_8	683.852	507.500	502.069	498.702	384.868	354.806	344.696	341.958	270.861
		工业用水定额	X_9	79.592	68.311	54.357	54.279	46.499	39.447	39.401	37.248	29.381
		人均用水量	X_{10}	225.000	207.000	226.000	232.000	222.000	237.000	254.000	256.000	224.000
	水环境安全	I、II、III类河流占总评价河长比	X_{11}	35.800	22.700	27.900	31.200	40.631	31.413	39.393	38.760	43.700
	粮食需求	人均产粮量	X_{12}	514.766	531.484	540.984	540.684	531.590	528.411	534.819	538.977	541.415
	粮食供给	吨粮用水量	X_{13}	277.250	228.913	248.794	256.244	230.987	224.826	230.607	242.925	195.243
	洪涝灾害	洪涝受灾人口	X_{14}	274.180	1004.600	47.890	120.520	1399.650	47.310	149.620	112.710	1.530
		死亡人数	X_{15}	7.000	86.000	1.000	0.000	127.000	8.000	3.000	7.000	0.000
		直接经济总损失	X_{16}	10.610	63.000	4.000	6.070	158.380	8.550	5.380	2.690	0.760
	干旱灾害	农作物受灾面积	X_{17}	318.790	906.000	73.700	100.020	1166.540	64.060	149.920	64.460	1.790
		农作物受旱灾面积	X_{18}	848.000	754.600	584.000	1579.200	50.400	1020.400	1001.530	571.250	1809.300
		因旱引水困难人口	X_{19}	64.370	102.000	15.000	45.000	0.000	12.900	16.000	27.570	75.420
	控制措施	植树造林面积	X_{20}	278.750	82.455	601.365	629.775	415.665	356.610	437.430	406.333	390.000

表 6.6　指标初值化数列

序列	分类	指标要素	代码	2006 年	2007 年	2008 年	2009 年	2010 年	2011 年	2012 年	2013 年	2014 年
母序列		整体和谐度	Y_1	1	1.0131	1.1739	1.1254	1.1216	1.0970	1.0755	0.9851	1.0614
子序列	水资源条件	水资源总量	X_1	1	1.4456	1.1538	1.0217	1.6622	1.0191	0.8252	0.6687	0.8806
		人均水资源量	X_2	1	1.4384	1.1424	1.0066	1.5959	0.9541	0.7686	0.6195	0.8111
	可供水量	亩均用水量	X_3	1	0.8434	0.8687	0.8939	0.8485	0.8283	0.8434	0.9848	0.7879
		地表水控制利用率	X_4	1	0.6077	0.8500	1.0654	0.6346	1.1538	1.0923	1.4864	1.1838
		平原区浅层地下水开采率	X_5	1	1.1141	1.1865	1.3441	1.2235	1.1527	1.1720	0.9534	0.9726
		废污水排放量	X_6	1	1.0845	1.1138	1.1460	1.2094	1.3223	1.0418	1.4027	1.2696
	需水量	人均地区生产值	X_7	1	1.2021	1.4623	1.6133	1.7673	2.0455	2.2413	2.3898	2.5819
		农业用水定额	X_8	1	0.7421	0.7342	0.7293	0.5628	0.5188	0.5041	0.5000	0.3961
		工业用水定额	X_9	1	0.8583	0.6829	0.6820	0.5842	0.4956	0.4950	0.4680	0.3691
		人均用水量	X_{10}	1	0.9200	1.0044	1.0311	0.9867	1.0533	1.1289	1.1378	0.9956
	水环境安全	I、II、III类河流占总评价河长比	X_{11}	1	0.6341	0.7793	0.8715	1.1350	0.8774	1.1004	1.0827	1.2207
	粮食需求	人均产粮量	X_{12}	1	1.0325	1.0509	1.0504	1.0327	1.0265	1.0390	1.0470	1.0518
	粮食供给	吨粮用水量	X_{13}	1	0.8257	0.8974	0.9242	0.8331	0.8109	0.8318	0.8762	0.7042
	洪涝灾害	洪涝受灾人口	X_{14}	1	3.6640	0.1747	0.4396	5.1049	0.1726	0.5457	0.4111	0.0056
		死亡人数	X_{15}	1	12.2857	0.1429	0.0000	18.1429	1.1429	0.4286	0.0000	0.0000
		直接经济总损失	X_{16}	1	5.9378	0.3770	0.5721	14.9274	0.8058	0.5071	0.2535	0.0716
	干旱灾害	农作物受灾面积	X_{17}	1	2.8420	0.2312	0.3137	3.6593	0.2009	0.4703	0.2022	0.0056
		农作物受旱灾面积	X_{18}	1	0.8899	0.6887	1.8623	0.0594	1.2033	1.1810	0.6736	2.1336
		因旱引水困难人口	X_{19}	1	1.5846	0.2330	0.6991	0.0000	0.2004	0.2486	0.4283	1.1717
	控制措施	植树造林面积	X_{20}	1	0.2958	2.1574	2.2593	1.4912	1.2793	1.5693	1.4577	1.3991

表 6.7　子序列绝对差计算结果

$i=1$	2006 年	2007 年	2008 年	2009 年	2010 年	2011 年	2012 年	2013 年	2014 年
$[Y_1(t)-X_1(t)]$	0.000	0.432	0.020	0.104	0.541	0.078	0.250	0.316	0.181
$[Y_1(t)-X_2(t)]$	0.000	0.425	0.032	0.119	0.474	0.143	0.307	0.366	0.250
$[Y_1(t)-X_3(t)]$	0.000	0.170	0.305	0.231	0.273	0.269	0.232	0.000	0.274
$[Y_1(t)-X_4(t)]$	0.000	0.405	0.324	0.060	0.487	0.057	0.017	0.501	0.122
$[Y_1(t)-X_5(t)]$	0.000	0.101	0.013	0.219	0.102	0.056	0.096	0.032	0.089
$[Y_1(t)-X_6(t)]$	0.000	0.071	0.060	0.021	0.088	0.225	0.034	0.418	0.208
$[Y_1(t)-X_7(t)]$	0.000	0.189	0.288	0.488	0.646	0.948	1.166	1.405	1.521
$[Y_1(t)-X_8(t)]$	0.000	0.271	0.440	0.396	0.559	0.578	0.571	0.485	0.665
$[Y_1(t)-X_9(t)]$	0.000	0.155	0.491	0.443	0.537	0.601	0.580	0.517	0.692
$[Y_1(t)-X_{10}(t)]$	0.000	0.093	0.169	0.094	0.135	0.044	0.053	0.153	0.066
$[Y_1(t)-X_{11}(t)]$	0.000	0.379	0.395	0.254	0.013	0.220	0.025	0.098	0.159
$[Y_1(t)-X_{12}(t)]$	0.000	0.019	0.123	0.075	0.089	0.070	0.037	0.062	0.010
$[Y_1(t)-X_{13}(t)]$	0.000	0.187	0.277	0.201	0.289	0.286	0.244	0.109	0.357
$[Y_1(t)-X_{14}(t)]$	0.000	2.651	0.999	0.686	3.983	0.924	0.530	0.574	1.056
$[Y_1(t)-X_{15}(t)]$	0.000	11.273	1.031	1.125	17.021	0.046	0.647	0.015	1.061
$[Y_1(t)-X_{16}(t)]$	0.000	4.925	0.797	0.553	13.806	0.291	0.568	0.732	0.990
$[Y_1(t)-X_{17}(t)]$	0.000	1.829	0.943	0.812	2.538	0.896	0.605	0.783	1.056
$[Y_1(t)-X_{18}(t)]$	0.000	0.123	0.485	0.737	1.062	0.106	0.106	0.311	1.072
$[Y_1(t)-X_{19}(t)]$	0.000	0.571	0.941	0.426	1.122	0.897	0.827	0.557	0.110
$[Y_1(t)-X_{20}(t)]$	0.000	0.717	0.983	1.134	0.370	0.182	0.494	0.473	0.338

注：比较上表各数值可知，$\min=0.000$，$\max=17.021$；取 $\rho=0.5$。

表6.8 各指标要素关联系数计算结果

指标	关联系数	2006	2007	2008	2009	2010	2011	2012	2013	2014	关联度R	排名
水资源总量	$L_{11}(t)$	1	0.9516	0.9976	0.9880	0.9403	0.9909	0.9714	0.9642	0.9792	0.9759	7
人均水资源量	$L_{12}(t)$	1	0.9524	0.9963	0.9862	0.9472	0.9835	0.9652	0.9588	0.9714	0.9735	10
亩均用水量	$L_{13}(t)$	1	0.9805	0.9654	0.9735	0.9689	0.9694	0.9735	1.0000	0.9689	0.9778	6
地表水控制利用率	$L_{14}(t)$	1	0.9545	0.9633	0.9930	0.9459	0.9934	0.9980	0.9444	0.9858	0.9754	8
平原区浅层地下水开采率	$L_{15}(t)$	1	0.9883	0.9985	0.9750	0.9882	0.9935	0.9888	0.9963	0.9897	0.9909	2
废污水排放量	$L_{16}(t)$	1	0.9917	0.9930	0.9976	0.9898	0.9742	0.9960	0.9532	0.9761	0.9857	4
人均地区生产总值	$L_{17}(t)$	1	0.9783	0.9672	0.9458	0.9295	0.8997	0.8795	0.8583	0.8484	0.9230	16
农业用水定额	$L_{18}(t)$	1	0.9691	0.9509	0.9555	0.9384	0.9364	0.9371	0.9461	0.9275	0.9512	12
工业用水定额	$L_{19}(t)$	1	0.9821	0.9455	0.9505	0.9406	0.9340	0.9361	0.9427	0.9248	0.9507	13
人均用水量	$L_{110}(t)$	1	0.9892	0.9805	0.9890	0.9844	0.9949	0.9938	0.9824	0.9923	0.9896	3
I、II、III类河流占总价河长比例	$L_{111}(t)$	1	0.9574	0.9557	0.9710	0.9984	0.9749	0.9971	0.9887	0.9816	0.9805	5
人均产粮量	$L_{112}(t)$	1	0.9977	0.9858	0.9913	0.9897	0.9918	0.9957	0.9928	0.9989	0.9937	1
吨粮用水量	$L_{113}(t)$	1	0.9784	0.9685	0.9769	0.9672	0.9675	0.9722	0.9874	0.9597	0.9753	9
洪涝受灾人口	$L_{114}(t)$	1	0.7625	0.8949	0.9254	0.6812	0.9020	0.9414	0.9368	0.8896	0.8815	18
死亡人数	$L_{115}(t)$	1	0.4302	0.8919	0.8832	0.3333	0.9946	0.9294	0.9983	0.8891	0.8167	20
直接经济总损失	$L_{116}(t)$	1	0.6335	0.9144	0.9390	0.3814	0.9669	0.9374	0.9208	0.8958	0.8432	19
农作物受涝灾面积	$L_{117}(t)$	1	0.8231	0.9003	0.9129	0.7703	0.9047	0.9336	0.9158	0.8896	0.8945	17
农作物受旱灾面积	$L_{118}(t)$	1	0.9857	0.9461	0.9203	0.8890	0.9877	0.9878	0.9647	0.8881	0.9522	11
因旱引水困难人口	$L_{119}(t)$	1	0.9371	0.9005	0.9523	0.8836	0.9047	0.9114	0.9386	0.9872	0.9350	15
植树造林面积	$L_{120}(t)$	1	0.9223	0.8964	0.8824	0.9584	0.9790	0.9452	0.9474	0.9618	0.9437	14

结果表明,2006—2014 年以来,河南省的区域水安全系统和谐度呈波动性变化,近年来一直维持在接近不和谐状态,并呈现向较不和谐状态演进的趋势,说明随着经济社会的不断发展,水安全系统仍非常脆弱。加之水安全体系涉及范围广,且仍存在许多有待继续解决的问题,比如需进一步协调好水资源供需矛盾、做好极端灾害控制、保护生态环境健康及用水安全等。另外,开展了基于灰色关联分析的关键要素识别研究,结果表明人均产粮量、平原区浅层地下水开采率、人均用水量、废污水排放量、Ⅰ、Ⅱ、Ⅲ类河流占总评价河长比例等指标与水安全的关联程度最高,也应在后续提出对策建议的时候加以重视。

因此,应加强水资源供需矛盾、生态环境、粮食安全和灾害控制等方面的协调,严格把握好取水、用水、排水、治水等各个环节,全面落实"节水优先、空间均衡、系统治理、两手发力"的治水新思路,深入贯彻"创新、协调、绿色、开放、共享"发展理念。此外,在制定地方的具体措施时,应充分考虑不同时期各个地市之间水资源及经济社会发展实际,还应紧密结合关键要素识别结果、因地制宜、因时制宜地提出具有针对性的措施。如此,才可以保障河南省区域水安全的良性发展,为进一步实现经济社会发展规划目标及人水和谐目标奠定坚实基础。

第四节 基于和谐调控的水安全保障措施研究

水与人们生活密切相关,水安全也与国家战略安全息息相关,因为水是粮食安全、经济安全、能源安全的重要物质基础和发展动力。和谐调控可以针对水安全系统内存在的不和谐问题采取一定的调控对策以提高水安全系统的整体和谐程度,使其朝着更加和谐的方向发展。因此,利用和谐调控理念研究并解决水安全保障过程中出现的各种不和谐因素具有重要的意义。本节在简要介绍和谐调控主要内容的基础上,叙述其在水安全保障研究中的应用成果。

一、和谐调控的主要内容

和谐调控的方法主要有简单思路和复杂思路两种,故和谐调控如何指导决策实际上就是怎么实现和谐调控的过程。接下来分别按照以下 2 种方法进行介绍。

(一)和谐行为集优选方法

和谐行为集优选方法，就是按照特定的目标，将所有可能实现该目标的和谐行为(或方案)全部放在一起组成集合，称为和谐行为集，并从和谐行为集中筛选出最优(或近似最优)的和谐行为(或方案)。若所选的和谐行为(或方案)，其和谐行为的和谐度是所有和谐行为(或方案)中的最大值，则称此和谐行为为最优和谐行为;若最大值难以实现，则选择和谐度近似最大所对应的和谐行为，称为近似最优和谐行为。和谐行为筛选完毕后，则按照该和谐行为的具体要求付诸实施，即完成和谐调控过程。

(二)基于和谐度方程的优化模型方法

众所周知，优化模型是运筹学、系统科学中常见的计算方法，在国民经济实践中应用广泛。一般的优化模型包括目标函数、约束条件和决策向量，用公式表示如下：

$$\begin{cases} Z = \max[F(X)] \\ G(X) \leqslant 0 \\ X \geqslant 0 \end{cases} \tag{6-11}$$

式中，X 为决策向量;$F(X)$ 为目标函数，上式中是求目标函数的最大值，对于求最小值的情况可以用两边取负数转化为求最大值;$G(X)$ 为约束条件集，上式是小于等于 0，对于约束条件中存在大于等于 0 的情况，需通过两边取负数化为小于等于 0 的情况。

根据一般优化模型公式可以将基于和谐度方程的优化模型归纳为以下 3 种类型。

(1)直接将和谐度方程作为目标函数的优化模型。此类模型主要用于求解和谐度最大时所对应的和谐行为(优化方案)。形式如下：

$$\begin{cases} Z = \max[HD(X)] \\ G(X) \leqslant 0 \\ X \geqslant 0 \end{cases} \tag{6-12}$$

(2)将和谐度方程作为约束条件的优化模型。此类模型主要用于求解和谐度范围大于等于某一极限值时所对应的和谐行为(优化方案)。设极限和谐度

值为 u_0，形式如下：

$$\begin{cases} Z = \max[F(X)] \\ G(X) \leqslant 0 \\ \mathrm{HD}(X) \geqslant u_0 \\ X \geqslant 0 \end{cases} \qquad (6\text{-}13)$$

（3）和谐准则的优化。将与和谐规则有关的参数作为构建优化模型的变量。设和谐规则变量为 Y，其优化模型形式如下：

$$\begin{cases} Z = \max[F(X,Y)] \\ G(X,Y) \leqslant 0 \\ X,Y \geqslant 0 \end{cases} \qquad (6\text{-}14)$$

二、和谐调控在水安全保障体系建设中的应用

水安全问题涉及水资源开发、生态保护、经济发展和社会服务等多个领域，涉及技术、管理、政策、法律等多个方面，涉及水利、环保、国土、农业等多个部门，需要多领域、多方面、多部门综合应对。经过多年的研究和建设，水安全保障体系初步形成。水安全保障包括技术保障、经济保障、政策保障、制度保障，是一个系统工程。和谐调控作为和谐论理论体系的重要组成部分，目前已经应用在包括水资源安全、水环境安全和水生态安全等许多方面。

（一）水环境综合治理中的和谐调控

水环境问题主要包括水质恶化、正常水循环被干扰、水生态系统破坏、水土流失等多方面的内容。水环境问题是我国当前面临的主要水问题之一，已严重影响人类的生存和发展。但是，由于涉及学科多、影响因素众多、牵涉部门多，故治理过程难度非常大，需要综合考虑多方面的因素开展综合治理；此外，还需要一定的综合实力，如工程技术、管理措施、政策法规、素质教育等。2015 年，左其亭构建了基于人水和谐调控的水环境综合治理"八大体系"，包括理论体系、技术体系、工程体系、投资体系、制度体系、监控体系、管理体系、文化体系，并详细介绍了每个体系的主要内容，对水环境治理实践具有良好的参考价值。[①] 其中在各个体系中都用到人水和谐的思想或和谐调控的理论

---

① 左其亭.基于人水和谐调控的水环境综合治理体系研究[J].人民珠江，2015，36（3）：1-4.

方法。

(二)闸控河流水生态健康和谐调控

随着社会进步、生产力水平提高,为了更大程度地开发利用水资源,先后建设了各种规模和不同功能的水利枢纽工程,其中闸坝是比较常见,且是对自然水生态影响较显著的人类活动。为了研究如何利用闸坝自身的调控能力减轻(或消除)闸坝工程对河流水生生态环境的消极影响,使河流水生态状况向更好的方向发展,陈豪等在和谐论理论方法的基础上,开展了河流水生态健康和谐调控。① 在研究中,不仅定量计算了研究区内的河流水生态健康程度,还以计算得到的河流水生态健康综合指数为和谐调控目标,提出了不同的调控措施以期达到改善河流水生态健康状况,更好地发挥河流的生态服务功能。此外,梁士奎、李来山分别开展了闸控河流生态需水调控理论方法及应用研究、闸坝对污染河流水质水量的调控能力研究。②③

(三)人水关系的和谐调控研究

人类活动会对水系统产生一定的影响,已是不争的事实,也就是说人文系统会对水系统产生影响。但是,目前随着经济社会的快速发展,人文系统对水系统所造成的影响已经显著超过水系统可承受范围,引起一系列诸如水资源短缺、水体污染、水灾害频发等问题,迫切地需要开展人水关系的研究。在此背景下,赵衡耦合了人水关系和谐调控研究与人水关系模拟研究,从人水关系情景模拟出发,结合和谐调控模型所设定的调控方案,并充分考虑设定方案中各指标与人水关系的影响,最终确定了调控方案下人水和谐评估所需的指标数值,并定量评估了调控效果。④ 刘军辉也曾开展过基于和谐论的登封市人水关系评价及和谐调控研究,是在定目标的和谐调控模型的基础上,将和谐关系的影响因素作为约束条件,以和谐度最大为目标函数。⑤

(四)水资源利用矛盾与和谐调控

解决水资源利用矛盾时,要协调各用水部门之间的用水矛盾,贯彻和谐

① 陈豪.闸控河流水生态健康关键影响因子识别与和谐调控研究[D].郑州:郑州大学,2016.

② 梁士奎.闸控河流生态需水调控理论方法及应用研究[D].郑州:郑州大学,2016.

③ 李来山.闸坝对污染河流水质水量的调控能力研究[D].郑州:郑州大学,2012.

④ 赵衡.人水关系和谐调控理论方法及应用研究[D].郑州:郑州大学,2016.

⑤ 刘军辉.基于和谐论的登封市人水关系评价与调控研究[D].郑州:郑州大学,2014.

思想,从全局出发,统筹考虑各部门的局部需求,同时也要对问题进行系统分析,尽量做到一水多用,让有限的水资源创造出更大的效益,使总体效益最大。

刘军辉等在此基础上提出了定量解决水资源利用矛盾的方法,具体做法如下:首先,利用和谐度方程对当前的水资源利用现状进行科学合理的评价,并分析和识别水资源利用矛盾的影响因素。接着,通过以经济目标、社会目标、环境目标,各地区之间、各部门之间、人与水之间的和谐关系,以及其他各种约束作为约束条件,以水资源利用和谐度最大为目标函数,建立各用水部门水资源合理利用的和谐论调控模型,从而找到最佳的水资源利用方案。该模型能够充分协调水资源开发利用过程中各方面需求,避免水资源短缺、水生态破坏等问题的出现,得到不同水资源利用状况下的最优调控方案,最终达到促进水资源合理利用、人水关系和谐的目标。①

(五)跨流域调水与和谐调控

跨流域调水工程是缓解水资源空间分布不均衡的重要手段,对实现水资源优化配置、保障供水安全具有重要作用。但是由于跨流域调水工程所跨地域广,涵盖社会、经济、生态和环境诸多领域,兼具防洪、排涝、灌溉和供水等众多功能,但其配套的工程建设相对滞后,加之工程本身和水资源具有明显的公共属性,因此想要更好地建设和管理跨流域调水工程,必须坚持和谐思想为指导,综合考虑所涉及的各个领域的利益,协调各用水部门之间的矛盾,从而实现工程的利益最大化。②

(六)水污染负荷分配与和谐调控

随着经济社会的快速发展,水污染问题越来越严重,水质问题也越发成为一个重要的用水矛盾。水资源保护问题的关键是合理确定控制水污染排放量,并公平合理分配各控制单元间控制污染排放量,尽量满足每个相关参与者的要求。和谐论可以使污染排放量分配行为达到总体和谐、一致、协调,较好地解决分歧,为污染排放总量制定和污染物负荷分配提供新的方法。在明确该和谐问题各要素后,基于和谐论的数学描述方法,以和谐度最大为目标函数,以水污染

---

① 刘军辉,左其亭,张志强.水资源利用矛盾的和谐论解决途径[J].南水北调与水利科技,2013(3):106-110.

② 王吉勇.和谐建设和管理跨流域调水工程[J].水利发展研究,2007,7(12):12-13.

总量控制目标、治理措施的技术及经济投入等作为约束条件,建立基于和谐论的水污染总量控制模型,可以为地区或流域的水资源保护提供合理的技术支撑。①

三、基于和谐调控的水安全保障管控模型研究

水是人类生存的根本,随着社会的不断前进,对水资源的开发利用程度和水平也日渐提高,也使得水安全问题日渐凸显。本节将构建水安全保障管控模型,通过模型求解,以期提高河南省的水安全程度,为本地区经济社会持续发展提供保障。

本节主要内容包括模型构建应遵循的准则、模型的基本形式和均衡管控思路等。其中的准则是均衡管控模型构建的依据和指导;模型采用一般优化模型的基本形式,包括目标函数和约束条件;再结合和谐评估结果,提出具体的可提高水安全程度的管控对策。

(一)模型构建应遵循的原则

(1)以人水和谐为调控目标。水安全是经济社会发展的保障,支撑经济社会可持续发展是水系统安全的体现;而经济社会主要是以服务于人为主,水系统则是水组成的体系,保障区域水安全实质就是要实现人水和谐。

(2)以人类活动为切入点。水虽然可以流动,可以在降水等条件下形成洪水等自然现象,但是这些都是自然现象,属于自然的水循环。与主动性较强的人类相比,水系统是被动的客体,水安全保障系统管控也是通过人类的各项行为措施付诸实现的。因此,应以人类活动作为切入点。

(3)以不同时期水安全系统和谐度为基础。由于人与水的斗争、协调及和谐过程,是一个长期的过程,且前面分析已经得出水安全保障系统和谐度在不同时期也是不同的,水安全保障系统内部各组成部分之间的和谐关系也是与时俱进的。所以,区域水安全保障管控研究应分阶段进行。

此外,还应以区域水安全保障调控为手段,以缓解水资源供需矛盾、保护生态环境健康、保障粮食安全、控制水灾害为依据提出具体的管控对策等。

---

① 刘军辉,左其亭,张志强.水资源利用矛盾的和谐论解决途径[J].南水北调与水利科技,2013(3):106-110.

（二）和谐调控

现实生活中，由于和谐问题的参与者多、影响因素多，时常出现不和谐问题，因此，需要在和谐评估的基础上进一步开展和谐调控研究，以结果为指导提出可以改善现在不和谐状态、提高和谐度、实现和谐目标的和谐行为，这也就是和谐调控的概念。和谐调控一般分简单和复杂两种思路。其中，简单思路就是先根据和谐度数值直接筛选和谐行为集，再根据和谐问题确定最终的和谐行为集，并据此得出适合的调控对策，也就是和谐行为集优选方法；复杂思路是先构建和谐调控模型，求解出最优和谐方案，进而提出调控对策，也就是基于和谐度方程的优化模型方法。

本节采取简单思路，构建经济社会发展与河湖水系均衡管控模型，由此可得和谐平衡计算模型是包括目标函数和约束条件两部分的定目标模型，形式如下：

$$\begin{cases} Z = \max[\mathrm{HD}(X)] \\ G(X) \leqslant 0 \\ X \geqslant 0 \end{cases} \tag{6-15}$$

式中，X 为决策向量；$\mathrm{HD}(X)$ 为水安全和谐程度；目标函数是要求经济社会与水系统整体和谐度值最大；$G(X)$ 为约束条件集。

约束条件主要包括以下几方面。

（1）经济社会各方面及水系统需水约束

$$\delta_i \geqslant \delta_{i0} \tag{6-16}$$

式中，$i = 1,2,3,4$ 时，δ_i 具体指代工业需水、农业需水、居民生活需水和生态环境需水的量值；δ_{i0} 则分别代表上述 4 种需求所要满足的最低限值。生态需水是指维持绿洲、湿地以及河流等生态环境不退化、水质不恶化的最低用水量。

（2）供水能力约束。在满足各行业用水需求的基础上，还要考虑"三条红线"约束，满足用水总量不能超过供水量上限的约束。

$$\sum_{j=1}^{n} G_j \geqslant \sum_{i=1}^{4} \delta_i \tag{6-17}$$

式中，G_j 代表各类供水途径的可供水量，n 代表供水途径数量，比如地表水、地下水等；$\sum_{j=1}^{n} G_j$ 代表可供水总量；$\sum_{i=1}^{4} \delta_i$ 代表约束（1）中 4 种形式的总需水量。

（3）污染物排放量约束。污染物主要指固体和液体污染物,气体污染物由于在水中溶解度较小,故这里未考虑。排入水系统中的固体和液体污染物应不超过水系统所在地的纳污能力,污染物的来源主要是农业化肥和农药的使用、工业废水以及生活排污。

$$S_k + W_l \leqslant S_{RS} + W_{RS} \tag{6-18}$$

式中,S_k 代表第 k 种行业的固体污染物排放量;W_l 代表 l 种行业的废污水排放量,k、$l \leqslant 4$;S_{RS}、W_{RS} 分别代表水系统的最大固体、废水排放量。

（4）其他约束。针对实际情况,还需要增加用水效率、用水保证率、非负等其他约束条件。

（三）调控方案设计

为达到水安全保障系统向更安全方向发展的目的,实现人水和谐的目标,依据上述的管控模型构建思路,从水资源供需、生态环境、粮食安全和控制灾害等几方面着手确定调控方案,调控情景为 2020 年、2030 年,如表 6.9。

表 6.9　调控情景下(2020 年、2030 年)河南省区域水安全各指标数值

指标	方案 1	子和谐度	是否需要调控	方案 2	子和谐度
水资源总量	280.00	0.4286		320.00	0.6000
人均水资源量	270	0.3400		350	0.5000
亩均用水量	150	0.6667		130	1.0000
地表水控制利用率	25.00	0.7000		25.00	0.7000
平原区浅层地下水开采率	50.00	0.7000	√	50.00	0.7000
废污水排放量	50.00	0.4500	√	40.00	0.6000
人均地区生产总值	38000	0.6000		38000	0.6000
农业用水定额	270	0.7400		250	0.7000
工业用水定额	25	0.7000		25	0.7000
人均用水量	215	0.6200	√	215	0.6200
Ⅰ、Ⅱ、Ⅲ类河流占总评价河长比例	50.00	0.6000	√	50.00	0.6000
化学需氧量排放量	1300000	0.6400		1000000	0.7000
人均产粮量	600	0.4788	√	600	0.4788

指标	方案1	子和谐度	是否需要调控	方案2	子和谐度
吨粮用水量	110	0.5400		100	0.6000
洪涝受灾人口	1	0.7137		0	1.0000
死亡人数	0	1.0000		0	1.0000
直接经济总损失	0.7	0.6280		0.5	0.6200
农作物受灾面积	1	0.6025		1	0.6025
农作物受灾面积	50	0.6333		50	0.6333
因旱引水困难人口	10	0.8000		10	0.8000
植树造林面积	450	0.6667		450	0.6667

注：√表示需要人为调整的，其余均为不需要人为调控的。

(四)调控对策建议

通过上述调控结果可知，2020年、2030年河南省水安全系统和谐度分别由2014年的0.5755提高到0.6907、0.7879，和谐度等级也由之前的接近不和谐状态提高到较和谐状态。同时，此调控结果也从另一方面间接检验了关键要素识别结果的正确性，并给政府接下来的工作方向和重点任务提供了依据。

针对河南省区域水安全系统不和谐的问题，根据调控结果，提出如下5点建议。

(1)通过科技力量提高人均产粮量。作为农业大省和人口大省，河南省面临着严峻的粮食安全压力。民以食为天，作为国家战略之一，保障人均产粮量是实现国家安全的重要基础条件，也是人类生活的最基本的要求。随着近年来国家对粮食生产的重视，越来越多的科学技术不断应用在农业方面，如喷灌、智能化、信息化等，这些技术对农业有了显著的增产作用。因此，应继续推广新技术手段在农业中的覆盖比例，全面提升粮食安全，以为实现水安全提供基础支撑。

(2)限制平原区浅层地下水开采率，保护深层地下水。由于本区域内自然河流资源相对南方地区匮乏，为了生存和发展，加之浅层地下水开采成本较低，人们一直进行着地下水的开发利用。但为了保障经济社会的快速发展态势，地下水开采率不断突破。而作为一种再生能力较河流水资源较差的水资源存在形式，地下水的储量不断下降，大量的开采地下水不仅会形成地下水漏斗等现象,也会影响未来人与水的和谐关系。因此,应借助正在运行的南水北调等工程,在保障沿线及下游正常需水条件下,尽量多利用外调水源,减少本地区地下水开采率。

(3)控制人均用水量。作为水安全保障体系中重要的一环,人均用水量不仅是生活的基本物质条件,也是生活水平和生活质量的保证。人均用水量的增减,不仅受限于当时所处阶段的供水条件,也受限于人们对生活水平的追求。虽然节水器具不断推广并得到广泛应用,但是人们对高生活质量的追求也会引起用水量的增大。为此,应结合工程和非工程措施,合理控制人均用水量,如加大节水器具的宣传推广,提高居民的节水意识等。

(4)削减废污水排放量。有消耗就有排放,有用水就有排水。但是若不加以控制,必定会对自然环境造成不可逆的破坏,影响未来的可持续发展。且已知当前的自然环境已经比较脆弱,若不加大废污水治理力度,必定会引起生态环境的进一步恶化,威胁区域水安全。因此,应加大废污水处理力度,继续提倡一水多用、提高中水回用比例等。

(5)提高Ⅰ、Ⅱ、Ⅲ类河流占总评价河长比例,保护水生态环境。人具有社会性,也属于自然界的一部分,不能脱离开孕育和滋养其生命的生态环境。但人类发展过程中不可避免地会对自然生态环境造成影响,最明显的就是河流。而河流肩负着为经济社会提供水资源的重任,为了避免坐吃山空,为了更好地发展,一定要控制入河废污水排放量,提高达标河流比例,加大废污水集中处理力度,保护和修复水生态环境。